**Cartoons:**

Jan Gulbransson

Dr. Mario Ludwig • Dr. Friedrich Kögel

# Die **Erde**
## Rätsel, Fakten und Rekorde

unglaublich,
aber wahr

**blv**

# Inhalt

# Vorwort

Tiere können durch ihr Verhalten Erdbeben vorhersagen. Das hat schon
der griechische Historiker Diodorus Siculus im 1. Jahrhundert v. Chr.
beschrieben. Und auch im Mittelalter und der Neuzeit gab es immer
wieder Berichte über das auffällige Verhalten von Tieren vor einem Erdbeben. Aber erst seit den 1970er-Jahren konnten wissenschaftliche
Beobachtungen belegen, dass viele Tiere offensichtlich eine Art 6. Sinn
für Erdbeben haben. Wie das tierische »Erdbeben-Frühwarnsystem«
funktioniert, ist allerdings noch völlig ungeklärt.

Auch in diesem Band haben wir versucht, Staunenswertes, Ungewöhnliches und manchmal auch Lustiges aus der Welt der Naturwissenschaft
zu präsentieren. Nach dem Erfolg des ersten Bandes »Natur – Rätsel,
Fakten und Rekorde« hoffen wir, dass es uns auch diesmal gelingt, aufs
trefflichste zu unterhalten. Standen im ersten Band die Pflanzen und
Tiere im Mittelpunkt, haben wir hier das Spektrum erweitert. Die Erde
mit Phänomenen wie Vulkanismus, Wetter und Klima, Entwicklung des
Lebens sowie ihre verschiedensten Lebensräume gibt jetzt den Rahmen
vor.

Das ermöglicht es, von der Entstehung der Erde und des Lebens bis hin
zur Weltraumfahrt Themen aufzugreifen. Der Mensch und sein Wirken
auf der Erde werden ebenso an passender Stelle gewürdigt. Und natürlich
kommt die Natur auch dieses Mal nicht zu kurz, speziell die Tierwelt.

Ganz besonders froh waren wir, dass Jan Gulbransson sich wieder bereit
erklärt hat, die Illustrationen für diesen Band zu erstellen. Seine unge-
zwungene, augenzwinkernde Art, die Dinge zu sehen und zu interpretie-
ren, trägt erheblich zum positiven Gesamteindruck des Buches bei. Für
sein Engagement danken wir ihm an dieser Stelle.

Wir hoffen, dass es abermals gelungen ist, den Funken unserer eigenen
Begeisterung für die Kuriositäten und Überraschungen auf unserer Erde
überspringen zu lassen, und dass das Schmökern im Buch für jeden zum
kurzweiligen Vergnügen wird.

# Die Entstehung der Erde

Die Erde ist nicht der Mittelpunkt des Universums – das wissen wir schon lange. Aber sie ist wohl nicht einmal ein ganz besonderer Planet mit ungewöhnlichen Bedingungen, sondern einer unter vielen Ähnlichen in den Weiten des Weltalls. Denn ihre Genesis entspricht dem klassischen Schema der Entstehung von Fixsternen mit dazugehörigem Planetensystem.

Man stellt sich heute vor, dass die Sonne durch Kollision und Zusammenballung von staubförmiger Materie entstanden ist. Während sich der zentrale Stern – unsere Sonne – immer mehr verdichtete, bildete sich parallel dazu eine so genannte zirkumstellare (um den Stern herum) bzw. protoplanetare (mit den Keimen für künftige Planeten) Scheibe. Auch diese »Scheibe« war anfangs eine reine Staubansammlung interstellarer Materie. Zunächst bildeten sich durch zufällige Zusammenstöße erste Materieklumpen, die größer wurden und schließlich durch Schwerkraft-Effekte immer mehr Materie zusammenballten. Auf diese Weise entstanden an verschiedenen Stellen der zirkumstellaren Scheibe die ersten Protoplaneten. Durch immer weitere Materieaufnahme in Form von Staub und Gas formten sich daraus schließlich die Planeten. Diese Entwicklung war vor etwa 4,56 Milliarden Jahren abgeschlossen.

## Es folgte das »Höllenzeitalter« (Hadäan) der Erde, in der diese als

meist glutflüssiger Planet einem ständigen Bombardement durch Meteoriten ausgesetzt war. Während dieses Zeitalters, das etwa vor 3,8 Milliarden Jahren endete, nahm die Erde bedingt durch die zahllosen Meteoriteneinschläge weiter an Masse zu. Es bildeten sich aber bereits der schalenförmige Aufbau der Erde sowie die ersten Gesteine, und der Nachweis erster Lebensspuren gegen Ende des Zeitalters lässt auf das Vorhandensein von Wasser schließen.

## Der erste Sauerstoff reicherte sich dann im Präkambrium durch die Akti-

vitäten der frühesten Lebensformen (Bakterien) an – und es bildeten sich spätestens jetzt erste Meere (es gibt auch Hinweise auf Meere im »Höllenzeitalter«) sowie der erste Großkontinent Rodinia. Seit dem Beginn des Kambriums vor 542 Millionen Jahren (neuerdings wird das Ediacarium noch vorgeschaltet) sind die Abfolge der Erdzeitalter und ihre Ausprägungen auf den Kontinenten durch Versteinerungen sehr gut belegt (vgl. das folgende Kapitel).

Die Materie, aus der sich das Sonnensystem gebildet hat, stammt teilweise aus einer Supernova, der Explosion eines ausgebrannten massereichen Sterns. Bei einem solchen Ereignis entstehen die schweren Elemente, die Anteil an der Erde und anderen Planeten haben.

## [Die ältesten Steine]

In den Schilden oder Kratonen, also den Festlandskernen, der alten Kontinente liegen die ältesten Gesteine. Gneise beispielsweise, die bereits vor 4,0 Milliarden Jahren auskristallisiert sind, wurden in der Slave Province Kanadas gefunden. Noch älter, nämlich 4,4 Milliarden Jahre, sind einzelne Zirkonkristalle, die in den Jack Hills Australiens in winzigen Körnchen erhalten geblieben sind.

Der älteste Meteoriteneinschlag, der dokumentiert ist, liegt 3,47 Milliarden Jahre zurück. Zwar konnte kein Krater gefunden werden, aber in Australien und Südafrika wurden Partikel entdeckt, die nur durch den Einschlag eines etwa 20 km großen Körpers in der damaligen Zeit entstanden sein können.

Die ältesten Versteinerungen sind Stromatolithen an der Westküste Australiens. Diese Überreste primitiver Cyanobakterien sind 3,5 Milliarden Jahre alt.

Aber erst vor etwa 542 Millionen Jahren, mit Beginn des Kambriums, hat sich das Leben in einer größeren Vielfalt entwickelt. Ab diesem Zeitalter beginnt die Beschreibung der Erdgeschichte anhand von Versteinerungen (neuerdings wird noch das ältere Ediacarium dazugezählt).

## [Älteste Körper im Sonnensystem]

Noch älter als die irdischen Gesteine sind freilich Meteoritenbruchstücke, die auf der Erde einschlagen. Viele dieser Meteorite stammen aus dem Asteroidengürtel zwischen Mars und Jupiter. Die Körper in diesem Gürtel sind Überreste der protoplanetaren Scheibe aus der Zeit, als unsere Sonne entstand (vgl. S. 6/7). Sie sind damit älter als die Planeten, die sich ja aus solchen Brocken erst zusammengeballt haben. Dass sich aus dem Asteroidengürtel kein eigener Planet gebildet hat, dürfte auf den starken Gravitationseinfluss des benachbarten Riesenplaneten Jupiter zurückzuführen sein.

## [Der Aufbau der Erde]

Obwohl die Details noch nicht genügend erforscht sind, weiß man über den grundsätzlichen Aufbau der Erde heute recht gut Bescheid. Demnach unterscheidet man folgende Schichten:

| | | |
|---|---|---|
| Kruste | bis 40 km | Kontinentalplatten und Ozeane |
| Äußerer Mantel | 40–650 km | Konvektionsströme, durch die z. B. die Platten bewegt werden |
| Unterer Mantel | 650–2890 km | mit »Plumes«, also großen heißen aufsteigenden Gesteinsblasen |
| Äußerer Kern | 2890–5150 km | vor allem Eisen; Strömungen verantwortlich für Magnetfeld |
| Innerer Kern | 5150–6378 km | vor allem Eisen; durch hohen Druck fest |

## [Erdfakten]

Der größte Granit-Monolith ist der El Capitan im Yosemite-Nationalpark der USA. Er hat eine annähernd senkrecht abfallende Abbruchkante von etwa 1000 m Höhe und ist bei Kletterern sehr beliebt.

Der größte Sandstein-Monolith ist der Mount Augustus in Australien (vgl. S. 99).

Das Gewicht der Erde haben jetzt 2 amerikanische Physiker genau berechnet: Unsere Erde bringt ordentlich was auf die Waage – nämlich unglaubliche 6 Trilliarden Tonnen. Das ist eine 6 mit 21 Nullen.

9

# Wie ist der Mond entstanden?

Die Entstehung des Mondes kann heute als eindeutig geklärt angesehen werden. Allgemein anerkannt ist die Theorie des »giant impact« oder die Aufprall-Theorie. Demnach ist die Erde in ihrer Frühzeit, etwa 50 Millionen Jahre nach ihrer Entstehung, mit dem etwa marsgroßen Planeten Theia zusammengestoßen. Die Wucht des Aufpralls war so gewaltig, dass beide Planetenkerne verschmolzen, aber große Teile des Erdmantels verdampften und herausgerissen wurden. Aus diesem Material formte sich später der Mond. Ein guter Beleg für diese Theorie ist, dass der Sauerstoffgehalt im Gestein auf Mond und Erde identisch ist. Zudem enthält der Mond als einziger Himmelskörper im Sonnensystem nahezu kein Eisen im Kern. Das erklärt sich daraus, dass bei der Kollision nur Material aus dem Erdmantel herausgeschleudert wurde, der eisenhaltige Kern aber unberührt blieb. Auch etliche weitere Messungen und Beobachtungen stützen diese Theorie der Mondentstehung.

# Welche Gesteinsfamilien unterscheidet man?

Grundsätzlich unterscheidet man zwischen magmatischem, metamorphem und Sedimentgestein.

Magmatische Gesteine kristallisieren aus der Gesteinsschmelze im Erdinneren aus, entweder als Tiefengesteine (Plutonite) oder durch Vulkanausbrüche, sog. Ergussgesteine (Vulkanite).

Metamorphe Gesteine entstehen durch Umwandlung von vorhandenem Gestein in den Tiefen der Erdkruste durch großen Druck und hohe Temperaturen.

Sedimentgesteine bilden sich, wenn Bruchstücke von erodiertem (verwittertem) Gestein oder auch Organismenreste durch Wind oder Wasser abtransportiert und an anderer Stelle wieder abgelagert werden.

# Quiz für Schnelldenker

**1** **Was ist eine protoplanetare Scheibe?**
a) Gebiet, aus dem ein Planetensystem entsteht
b) Gebiet, aus dem ein Planet entsteht
c) der innere Kern eines entstehenden Planeten

**2** **Was sind Plutonisten?**
a) Anhänger von Gott Pluto
b) Verehrer des gleichnamigen Disneyhundes
c) Anhänger einer geologischen Lehre zur Gesteins-
entstehung

**3** **Wie viel Meteoritenstaub regnet jährlich auf die Erde?**
a) 2 Tonnen
b) 2000 Tonnen
c) 2.000.000 Tonnen

**3** So unvorstellbar es klingt: Man geht davon aus, dass jährlich 2 Millionen Tonnen Nickeleisenstaub und Gesteinsstaub aus dem Weltraum auf die Erde gelangen. Die Partikel sind überwiegend allerdings so klein, dass sie nicht einmal eine Leuchtspur (wie wir es von Sternschnuppen kennen) hinterlassen.

**2** Antwort c) ist richtig. Im 18. Jahrhundert gab es einen erbitterten Streit zwischen Plutonisten und Neptunisten, der die gesamte gebildete Gesellschaft erfasste (z. B. vertrat auch Goethe mit Nachdruck seiner Meinung Ausdruck). Die Neptunisten behaupteten, dass die Erde zu Beginn von Wasser bedeckt war und bezogen sich auf die Bibel und auf marine Fossilfunde in den Hochlagen vieler Gebirge. Die Plutonisten sahen die Erde als Feuergeburt an, aus der später das Gestein erwuchs. Heute wissen wir, dass beide Phänomene bei der Erdentstehung eine Rolle gespielt haben (vgl. S. 7).

**1** Die protoplanetare Scheibe bezeichnet die staub- und gasförmige Materieansammlung um eine entstehende Sonne. In dieser Scheibe bilden sich durch Zusammenstöße und Gravitationswirkung die Planeten die späteren des Sonnensystems (vgl. S. 7).

## Das Wasser auf der Erde stammt aus Kometen

Genau genommen sind sich die Forscher noch nicht ganz einig, woher die Hauptmasse des Wassers auf der Erde stammt. Denn natürlich gab es Wasser auch in der protoplanetaren Scheibe, aus

der sich die Erde gebildet hat (vgl. S. 6/7). Aber man geht meist davon aus, dass die junge Erde im Stadium der glutflüssigen Kugel das meiste dieses ursprünglichen Wassers verloren hat. Beim späteren Abkühlen wurde dann das Wasser mit den Kometen

bzw. Meteoriten auf die Erde gebracht. Denn so viel steht fest: Die Erde war in ihrer Frühzeit einem ganz erheblichen Bombardement von oft kilometergroßen Eis- und Felsbrocken ausgesetzt. Und viele dieser Himmelskörper enthielten (und enthalten auch heute noch) ganz erhebliche Anteile von Wasser.

## Supernova beeinflusst das Leben auf der Erde

Große Katastrophen wie Supervulkane, Meteoriteneinschläge oder Schwankungen der Sonneneinstrahlung haben erheblichen Einfluss auf das Leben auf der Erde. Selbst ein Einfluss weit entfernter kosmischer Ereignisse auf die Erde und ihre Lebewesen wird heute diskutiert. So vertreten manche Wissenschaftler die Ansicht, das Massensterben am Übergang vom Ordovizium zum Silur vor 440 Millionen Jahren sei auf den Ausbruch einer Supernova, also die Explosion eines Sternes, zurückzuführen. Als Folge des Ereignisses hätten hohe Dosen von Gammastrahlen die Erde erreicht, sodass die Ozonschicht zerstört wurde. Die dadurch stark erhöhte UV-Strahlung unserer Sonne hätte dann überwiegend Lebewesen getötet, die sich dicht unter der Wasseroberfläche aufhalten (das Land war damals noch nicht besiedelt). Und genau solche oberflächennah lebenden Arten sind damals ausgestorben.

[die Spezialisten]

## Wo ein Kontinent auseinander bricht

Das geologisch wohl aktivste Gebiet der Erde ist das ostafrikanische Afar-Dreieck mit den sternförmig abzweigenden 3 »Gräben« Rotes Meer, Golf von Aden und dem rund 5000 km langen, sich durch das gesamte Ostafrika nach Süden hinziehenden Rift Valley. Hier können Geologen Zustände beobachten, wie sie in erdgeschichtlich unruhigen Epochen herrschten, als ganze Kontinente auseinander brachen. Unter dem Afar-Dreieck steigt ein gewaltiger »Plume« nach oben. Das ist eine heiße, riesige Materieblase, die wohl bis an die Grenze zum Erdkern hinabreicht und von dort Material nach oben »fließen« lässt (vgl. S. 14). Die Erdkruste wird an dieser Stelle aufgewölbt, teilweise aufgeschmolzen, es bilden sich gewaltige Vulkane, und Magma tritt aus. All dies kann man im Afar-Dreieck und Rift Valley beobachten. Durch die gewaltigen Kräfte brechen die 3 Gräben immer weiter auf, wie hartes Erdreich, durch das ein Pilz nach oben vorstößt. Das Rote Meer und der Golf von Aden werden durch diese Vorgänge jährlich 2 cm breiter. In der geologisch gesehen kurzen Zeit von 1 Million Jahren kommen bei gleich bleibender Geschwindigkeit so bereits 20 km zusammen. Irgendwann wird sich auch das Rift Valley vollständig mit Meerwasser füllen, und das heutige Ostafrika wird als Insel davondriften.

## Steine können ihre Geschichte erzählen

Sehr viel von dem, was wir heute über die Erde wissen, haben wir von den Steinen auf der Erde erfahren. Jeder Stein kann seine Geschichte erzählen: Steine auf den höchsten Bergen im Himalaya geben uns durch enthaltene Organismenreste kund, dass sie einst in den Tiefen eines Meeres abgelagert und erst später bis in diese Höhe angehoben wurden. Versteinerungen in der Antarktis zeigen uns, dass diese Lebensformen einst im tropischen Klima abgelagert wurden, die Antarktis also eine weite Wanderung auf dem Erdball vollzogen hat. Wieder andere Steine offenbaren durch ihre Zusammensetzung, dass sie vor über 3 Milliarden Jahren entstanden, also bereits seit Urzeiten existent sind. Jede Analyse eines Steines kann neue wundersame Geschichten ans Licht bringen.

## Das Erdinnere ist flüssig wie eine Schmelze

Man liest immer wieder, das Innere der Erde sei wegen der dort herrschenden hohen Temperaturen flüssig. Das Erdinnere ist auch extrem heiß: Bei einem Temperaturanstieg von 30 °C pro Kilometer in den oberflächennäheren Schichten herrschen im Erdinneren Temperaturen von etwa 5500 °C. Aber der immense Druck (am Erdmittelpunkt) von bis zu 350 Gigapascal (das ist das 100.000-fache wie in einem Dieselmotor) verhindert, dass sich die Masse wie eine Flüssigkeit verhält. Vielmehr entspricht das Verhalten des Gesteins im äußeren Erdmantel eher dem von Glas einer Fensterscheibe, die im chemischen Sinne amorph ist. Dieses Wort besagt, dass das Material einer Fensterscheibe sich langsam bewegt oder – genauer – fließt, und zwar in Richtung der Schwerkraft nach unten. Deshalb ist bei sehr alten Scheiben der untere Teil stets dicker als der obere.

Auch die »flüssigen« Teile des Erdkerns zeigen keine schnellen Bewegungen. Die Strömungen der Eisenschmelze im äußeren Erdkern, durch die das Magnetfeld aufgebaut wird (vgl. unten), erfolgen etwa mit Geschwindigkeiten von lediglich knapp 3,5 m pro Stunde (bzw. 30 km pro Jahr).

Der innere Erdkern verhält sich wegen des hohen Drucks wie eine feste Masse.

[unglaublich, aber wahr]

## Demnächst: Nordpol im Süden!

Das Erdmagnetfeld wird immer noch nicht bis ins Detail verstanden. Fakt ist, dass Strömungen im »flüssigen«, eisenhaltigen äußeren Erdkern für den Aufbau des Feldes verantwortlich sind. Fakt ist aber auch, dass die Stärke des Magnetfelds in den letzten 200 Jahren um über 10 % abgenommen hat – mit beschleunigter Tendenz in der jüngsten Vergangenheit. Wissenschaftler gehen anhand der Datenlage davon aus, dass sich das Magnetfeld innerhalb der nächsten 2000 Jahre umpolen wird, dass dann also der Nordpol im Süden liegen wird. Dieser Effekt beruht darauf, dass sich die Strömungen im äußeren Erdkern neu ausrichten. Ungewöhnlich ist dies nicht. In den letzten 100 Millionen Jahren gab es etwa 200 derartige Umpolungen, also etwa alle 500.000 Jahre eine. Da die letzte Umpolung bereits 750.000 Jahre zurückliegt, ist die nächste also überfällig. Man rechnet für die Jahrhunderte der Umpolung mit erheblichen Beeinträchtigungen bei Satelliten (und damit der Kommunikation), Stromleitungen, Pipelines und im Eisenbahnverkehr (Signalstörungen!), insbesondere in Polnähe.

# Entwicklung des Lebens

Wir wissen nicht ganz genau, wie sich das Leben auf der Erde entwickelt hat. Nach neuesten Erkenntnissen nehmen Forscher an, dass der Beginn des Lebens vor etwa 3,8 Milliarden Jahren in der Tiefe der Urozeane zu suchen ist. Sie vermuten, dass sich hier aus einem, von vulkanischen Schloten ausgestoßenen Chemiecocktail zunächst einfache, dann komplexere organischen Verbindungen gebildet haben, aus denen erst kernlose Bakterien und Blaualgen, später Einzeller und schließlich mehrzellige Lebewesen entstanden sind. Vor etwa 540 Millionen Jahren, zu Beginn des Erdaltertums, erschien in einem verhältnismäßig kurzen Zeitraum eine große Vielzahl an mehrzelligen Tierarten, deren grundsätzliche Baupläne sich teilweise bis heute erhalten haben. Hier tauchen auch erstmals Tiere mit Hartteilen wie die Trilobiten auf, die allerdings nur in diesem Erdzeitalter lebten. Später dominierten dann Tintenfische (Ammoniten), Muscheln und Schnecken die Meere.

## Zu Ende des Silurs vor 410 Millionen Jahren fielen durch den Rückgang

der Weltmeere große Gebiete trocken, und zuerst die Pflanzen und dann auch die Tiere begannen den neuen Lebensraum zu erobern. Bereits im Karbon bedeckten üppige Wälder die Kontinente. Das Erdaltertum endete mit dem größten Massensterben aller Zeiten vor etwa 250 Millionen Jahren. Allein 75 % der an Land lebenden Arten starben aus. Als Ursache für die gigantische Naturkatastrophe werden lang andauernde Serien von Vulkanausbrüchen angenommen, die das Klima nachhaltig veränderten.

## Das Erdmittelalter läutete dann die Ära der Dinosaurier ein. Über

150 Millionen Jahre lang beherrschten die riesigen Echsen Land, Wasser und Luft unserer Erde. Warum die Giganten des Jura-Zeitalters vor 65 Millionen Jahren tatsächlich ausgestorben sind, ist in der Wissenschaft umstritten. Die gängigste Hypothese geht davon aus, dass ein riesiger Meteorit damals die Erde traf und durch seinen Einschlag massive Klimaveränderungen auslöste, denen die Dinosaurier nicht gewachsen waren. In der darauf folgenden Erdneuzeit schlug dann die große Stunde der Säugetiere, die bis dahin ein eher bescheidenes Leben im Schatten der Dinosaurier gefristet hatten und die jetzt neue Lebensräume erobern konnten.

Vor rund 8 Millionen Jahren lebte in Südamerika ein Ur-Meerschweinchen von der Größe eines Büffels. Phoberomys pattersoni war mit einer Länge von 3 m und einem Gewicht von 700 kg der größte Nager aller Zeiten.

## [Die größten Tiere zu Lande . . .]

Die größten Dinosaurier waren die Sauropoden. Die 3 größten Vertreter dieser gigantischen Pflanzenfresser waren *Supersaurus*, *Argentinosaurus* und *Seismosaurus*. Der *Argentinosaurus* etwa erreichte eine Länge von 40–50 m und ein Gewicht von bis zu 100 Tonnen.

Das größte Landsäugetier aller Zeiten war das 5,5 m hohe, 8 m lange und 20 Tonnen schwere hornlose Nashorn *Baluchitherium*. Es durchstreifte vor mehr als 25 Millionen Jahren die asiatischen Weiten. Der vom Aussehen eher an ein Pferd als an ein Nashorn erinnernde Gigant war ein Pflanzenfresser, der sich von den Blättern der Bäume seiner Zeit ernährte.

Das größte räuberisch lebende Landsäugetier war der fast 5 m lange und 1,8 m hohe *Andrewsarchus mongoliensis*. Dieses prähistorische Raubtier lebte vor rund 40 Millionen Jahren in Asien und sah wahrscheinlich aus wie eine Kreuzung aus einem riesigen Hund und einem Nilpferd.

## [. . . zu Wasser]

Der größte Gliederfüßer, der jemals auf der Welt existierte, war mit einer Länge von über 2 m *Pterygotus,* ein so genannter Seeskorpion. Er lebte vor etwa 350 Millionen Jahren im Meer.

Der wahrscheinlich größte Hai, der je die Meere unsicher machte, war der prähistorische Hai *Carcharocles megalodon*. Mit einer geschätzten Länge von fast 20 m und einem Gewicht von über 20 Tonnen war er etwa 3-mal so groß wie der größte Weiße Hai, der je gefangen wurde.

Bisher galt der *Shonisaurus* mit einer Größe von 15 m und einem Gewicht von 35 Tonnen als größter Fischsaurier aller Zeiten. Jetzt haben allerdings Wissenschaftler in Kanada ein Fischsaurierskelett von 23 m Länge gefunden. Das entspricht der Größe eines Reisebusses! Die Ausgrabungsarbeiten dauern noch an.

## [. . . und in der Luft]

Der größte Flugsaurier war der *Quetzalcoatlus,* der mit einer Flügelspannweite von über 13 m auch zugleich das größte Tier war, das je die Lüfte erobert hat. Sein Name leitet sich von »Quetzalcoatl« ab, einer gefiederten, aztekischen Gottheit.

Das größte Insekt aller Zeiten war die *Meganeura monyi*, eine im Oberkarbon lebende, heute ausgestorbene Libellenart mit 70 cm Flügelspannweite. Damit war sie etwa so groß wie ein Turmfalke.

Der größte flugfähige Vogel war der Ur-Geier *Argentavis magnificens*, der vor etwa 8 Millionen Jahren in Südamerika heimisch war. Seine Flügelspannweite betrug unglaubliche 8 m. Damit war er rund doppelt so groß wie der Andenkondor, der mit einer Flügelspannweite von etwas über 3 m als der größte fliegende Vogel der Gegenwart gilt.

## [Landpflanzen]

Die Evolution der Landpflanzen begann vor mindestens 475 Millionen Jahren, als moosähnliche Gewächse das Land eroberten.

| | |
|---|---|
| vor 475 Millionen Jahren | erste Moose |
| vor 380 Millionen Jahren | erste Bäume (Bärlappgewächse) |
| vor 290 Millionen Jahren | erste Nadelbäume |
| vor 135 Millionen Jahren | erste Blumen |
| vor 100 Millionen Jahren | erste Laubbäume |

# Kann man Dinosaurier durch Klonen wiederauferstehen lassen?

Der Regisseur Stephen Spielberg hat es uns in seinem berühmten Film »Jurassic Park« vorgemacht: Eigentlich ist es ganz einfach, Dinosaurier durch Klonen wieder zum Leben zu erwecken. Zunächst benötigt man einen in Bernstein eingeschlossenen Moskito, der vor rund 100 Millionen Jahren einen Dinosaurier um ein paar Tropfen Blut erleichtert hat. Und aus diesem Blut, das die Erbinformationen der Riesenechse enthält, kann man dann ruck-zuck mit modernster Technik einen Dinosaurier klonen. Soweit Hollywood – aber könnte das auch im wirklichen Leben funktionieren? Wohl zumindest in naher Zukunft nicht, denn die Forschung ist im Augenblick noch weit davon entfernt, ein solches Vorhaben realisieren zu können. Zum einen ist die prähistorische DNA meist in großen Teilen bereits zerstört, zum anderen ist ein lebendiger Organismus viel zu komplex, um ihn einfach so im Reagenzglas wiederauferstehen zu lassen.

# Was sind die ältesten Fossilien der Welt?

Die ältesten Fossilien der Welt, so genannte Stromatolithen, existieren bereits seit mehr als 3,5 Milliarden Jahren. Unter Stromatolithen verstehen Wissenschaftler Kalkablagerungen, die durch den Stoffwechsel mariner Cyanobakterien verursacht wurden. Diese Ablagerungen, die in ihrer Form an einen aufgeblähten Pfannkuchen erinnern, sind aus dünnen übereinander gelagerten Kalkschichten aufgebaut. Im Präkambrium waren die Stromatolithen, sozusagen als eine Art »Vorläufer« der Korallen, wichtige Riffbildner. In einigen wenigen Gebieten, die meist durch sehr hohen Salzgehalt gekennzeichnet sind, gibt es auch heute noch Cyanobakterien, die Stromatolithen produzieren, z. B. an der Shark Bay in Westaustralien.

# Quiz für Schnelldenker

**1 Warum sah der Incisivosaurus zum Lachen aus?**
a) Er hatte einen rosa Panzer.
b) Er hatte Hasenzähne.
c) Er schielte fürchterlich.

**2 Welches Tier war das erste luftatmende Lebewesen?**
a) ein Frosch
b) eine Libelle
c) ein Tausendfüßer

**3 Wodurch erlangte *Maiasaura peeblesorum* Berühmtheit?**
a) Er war der erste Dinosaurier im Weltall.
b) Er hatte einen zweiten Kopf.
c) Es existieren heute noch einige wenige Exemplare.

**3** Der zu den Entenschnabelsauriern zählende *Maiasaura peeblesorum* war tatsächlich der erste Dinosaurier im Weltall. Der amerikanische Astronaut Loren Acton nahm 1985 ein Knochenstück von einem in seinem Heimatstaat Montana entdeckten Baby-saurier auf eine Spacelab-2-Mission mit. Das »historische« *Maiasaura*-Fossil ist heute in einem Museum in Bozman, Montana, zu bewundern, und der Dinosaurier wurde zum offiziellen »Staatssaurier« von Montana erklärt. Seinen Namen, der ins Deutsche übersetzt »Gute-Mutter-Echse« bedeutet, erhielt *Maiasaura* übrigens, weil Wissen-schaftler herausgefunden haben, dass dieser Saurier sehr wahrscheinlich Brutpflege betrieben hat.

**2** Das älteste Fossil eines luftatmenden Tiers wurde vor kurzem an der Nordostküste Schottlands entdeckt. Bei *Pneumodesmus newmani* handelt es sich um einen winzi-gen Tausendfüßer, der vor etwa 428 Millionen Jahren lebte und gerade mal 1 cm groß war. An dem Minifossil, das übrigens nach seinem Entdecker, dem schottischen Bus-fahrer Mike Newman benannt wurde, sind besonders gut Atemlöcher zu erkennen – ein Beweis, dass der Tausendfüßer bereits Luft atmete.

**1** Der in China entdeckte *Incisivosaurus gauthieri*, ein entfernter Verwandter der Raub-saurier *Tyrannosaurus rex* und *Velociraptor*, sah wahrscheinlich eher komisch als Furcht erregend aus: Im Gegensatz zu seiner mit scharfen Zähnen bestückten gefähr-lichen Verwandtschaft wirkte er auf unzeitliche Betrachter wegen seiner überdimen-sional ausgeprägten Schneidezähne wohl eher wie die Kreuzung aus einem Hasen und einem Saurier.

## Der Mega-Adler mit der Riesenbeute

Mit einer Spannweite von über 3 m und einem Gewicht von 15 kg war der vor rund 500 Jahren ausgestorbene Haast-Adler (*Harpagornis moorei*) nicht nur der größte Adler aller Zeiten, sondern zu seinen Lebzeiten auch der uneingeschränkte Herrscher von Neuseeland, denn auf der Doppelinsel gab es damals keine Konkurrenz für ihn. Zur bevorzugten Beute des gewaltigen Raubvogels gehörte auch ein Tier, das wesentlich größer war als er selbst: der inzwischen ebenfalls ausgestorbene Riesenvogel Moa. Mit einer Größe von 3,60 m und einem Gewicht von 200 kg war dieser legendäre Laufvogel der größte Vogel überhaupt. Nach – allerdings unbestätigten – Gerüchten soll der Riesenadler auch immer wieder Menschen attackiert und sogar gelegentlich erbeutet haben. Die Haast-Adler verschwanden rund 200 Jahre nach dem Eintreffen der ersten Menschen auf Neuseeland. Wissenschaftler vermuten, dass die Konkurrenz des Menschen bei der Jagd auf Beutetiere sowie Waldbrände, durch die die Lebensräume der Adler vernichtet wurden, für sein Aussterben verantwortlich sind.

## *Tyrannosaurus rex* hatte eingebaute Stoßdämpfer im Kopf

Als Wissenschaftler den Schädel der wohl bekanntesten Dinosaurierart *Tyrannosaurus rex* untersuchten, machten sie eine verblüffende Entdeckung. Der Schädel des riesigen fleischfressenden Dinosauriers war nicht sonderlich stabil konstruiert. Einige Schädelknochen waren noch nicht einmal mit dem restlichen Skelett verbunden, sondern wurden lediglich vom Bindegewebe in Position gehalten. Lange Zeit war der Sinn dieses äußerst instabilen Schädelaufbaus völlig unklar, bis eine britische Paläontologin mit Hilfe von Computersimulationen das Geheimnis des seltsamen Schädeldesigns löste: Die »flexiblen« Knochen fungierten als Stoßdämpfer und waren geradezu lebenswichtig für den Dinosaurier mit dem gewaltigen Biss. Wären nämlich alle Knochen starr miteinander verbunden gewesen, wäre der Kiefer wahrscheinlich unter der unglaublichen Wucht des Zubeißens zerbrochen. Die locker befestigten Knochen dagegen federten die gewaltigen Kräfte ab, und so konnte *Tyrannosaurus rex* stets kraftvoll, aber ohne Risiko zubeißen.

**[schon gehört?]**

## Dinosaurier nach Popsänger benannt

Eine Ehrung der ganz besonderen Art empfing der Sänger der britischen Pop-Band Dire Straits, Mark Knopfler: Ein neu entdeckter, knapp 2 m langer Dinosaurier wurde von amerikanischen Paläontologen nach ihm benannt. Als Begründung gaben die Forscher an, immer wenn bei den Ausgrabungen Dire-Straits-Musik im Radio gespielt wurde, habe man besonders viele Saurierknochen gefunden. Und *Masiakosaurus knopfleri* ist nicht allein, denn in der biologischen Namensgebung wimmelt es nur so von kuriosen Geschichten und Namen. So ist ein Laubforsch beispielsweise nach dem britischen Popstar Sting benannt, eine Urschlange wurde zu Ehren des ehemaligen deutschen Außenministers Fischer getauft, und eine Meeresschnecke trägt den Namen von Boris Becker.

23

## In einer einzigen Höhle wurden die Skelette von über 30.000 Höhlenbären gefunden

Höhlenbären lebten während der letzten Eiszeit vor etwa 50.000 Jahren in Europa. Die riesigen Pflanzenfresser, die viel größer und massiger als unsere heute lebenden Braunbären waren, verdanken ihren Namen der Tatsache, dass sie – wie es ihre Nachfahren heute noch tun – bevorzugt Höhlen aufsuchten, um dort ihren Winterschlaf abzuhalten. Die Drachenhöhle von Mixnitz in der Steiermark war wohl über viele Jahrtausende hinweg ein besonders begehrter Überwinterungsplatz, denn hier wurden die Knochen von über 30.000 Höhlenbären gefunden. Die Höhlenbären sind vor 10.000 Jahren ausgestorben – wahrscheinlich konnten sie durch die zunehmende Vereisung und den daraus resultierenden Pflanzenmangel einfach nicht mehr genug Fett ansetzen, um die immer länger andauernden Winter schadlos zu überstehen.

## »Die Entstehung des Lebens« kann man im Regenzglas simulieren

In seinem berühmt gewordenen »Ursuppen-Experiment« von 1953 zeigte der bis dahin völlig unbekannte Chemie-Student Stanley Miller mit einer vergleichsweise simplen Versuchsanordnung im Labor, wie möglicherweise das Leben auf unserem Planeten entstanden ist. Er ließ künstliche Blitze auf eine in einem Glaskolben simulierte urzeitliche Atmosphäre aus Wasserstoff, Methan, und Ammoniak einwirken. Und siehe da: Bereits nach wenigen Wochen hatten sich im wässrigen Bodensatz tatsächlich Aminosäuren und eine Reihe weiterer organischer Moleküle gebildet, die durchaus als Grundbausteine des Lebens bezeichnet werden können. Das Rätsel, wie sich aus den Aminosäuren im nächsten Schritt Proteine oder gar primitive Zellen entwickelt haben, konnte jedoch bis heute nicht gelöst werden.

## »Godzilla« war ein Krokodil

*Dakosaurus andiniensis* war ein in der Tat Furcht erregendes, aber
auch seltsames Krokodil, das sich vor 140 Millionen Jahren in
südamerikanischen Gewässern tummelte. Mit einer Länge von
4 m, einem robusten Körperbau und einem massigen, gewaltigen
Schädel mit kräftigen ineinander greifenden Zähnen sah dieses
Ur-Krokodil völlig anders aus als die übrigen Krokodilarten seiner
Zeit, die deutlich zartgliedriger gebaut waren. Es erinnerte eher
an eine Kreuzung aus einem Krokodil mit einem *Tyrannosaurus
rex*. Und so war es eigentlich kein Wunder, dass die Forscher, die
1996 3 fossile *Dakosaurus*-Exemplare in Patagonien entdeckten,
das seltsame Tier in Anlehnung an das berühmte Filmmonster
»Godzilla« tauften. Das riesige Meereskrokodil lebte ausschließlich im Wasser und besaß daher auch Flossen anstelle von Beinen.

## Hoher Sauerstoffgehalt sorgte für Giganten

Forscher der amerikanischen Yale-Universität haben herausgefunden, dass es im Verlauf der Erdgeschichte gleich 2-mal zu einer
deutlichen Erhöhung des Sauerstoffgehaltes der Luft kam. So
stieg z. B. vor 300 Millionen Jahren, im Karbon, der Sauerstoffgehalt auf 35 % an. Das ist etwa 1,5-mal so hoch wie heute. Auffällig ist dabei, dass es zeitgleich mit der Erhöhung der Sauer-
stoffkonzentration immer auch zur Ausbildung besonders großer
Tierarten kam: Während im Karbon vogelgroße Libellen, riesige
Spinnen und meterlange Tausendfüßer herrschten, wurde die
ebenfalls sauerstoffreiche Kreidezeit von den gigantischen Dino-
sauriern dominiert. Und als in den jeweils darauf folgenden Zeit-
altern der Sauerstoffgehalt wieder sank, verschwanden auch die
großen Tierarten von der Bildfläche. Warum die Erhöhung des
Sauerstoffgehalt zur Entstehung gigantischer Tierarten führte,
ist allerdings noch weitgehend ungeklärt.

## Dinos erfanden den Doppeldecker

2 nordamerikanischen Wissenschaftlern fiel es auf: *Microraptor gui*, ein knapp 1 m großer Raubsaurier aus China, kam den Gebrüdern Wright um 125 Millionen Jahre zuvor und erfand den Doppeldeckerflug. Der erst 2003 in der chinesischen Provinz Lianoning entdeckte Dino aus der Kreidezeit hatte nicht nur an den vorderen Extremitäten, sondern auch an den Beinen Federn, die zum Fliegen geeignet waren. Während seine chinesischen Entdecker noch glaubten, der fliegende Saurier hätte seine Flügel ähnlich wie eine Libelle eingesetzt, fand das nordamerikanische Forscherpaar heraus, dass der *Microraptor* seine Beine nicht etwa abspreizte, sondern unter den Körper hielt. Dadurch hatte er ähnliche Flugeigenschaften wie ein Doppeldeckerflugzeug, bei dem die untere Tragfläche bekanntlich kleiner ist als die obere. So machte der Vogelflug womöglich ebenso wie die Luftfahrt eine Doppeldeckerphase durch, bevor der Flug mit einer einzigen Tragfläche erfunden wurde.

## Der Ginkgo – Entwicklungsstillstand durch Perfektion

120 Jahre alte Fossilfunde aus China zeigen, dass sich der Ginkgobaum seit der Kreidezeit kaum verändert hat. Der Baum hat sich offensichtlich so optimal an seine Umwelt angepasst, dass er es »nicht nötig hatte«, sich über viele Millionen Jahre weiterzuentwickeln, und wird heute mit Fug und Recht zu den »lebenden Fossilien« gerechnet. Vorläufer des heutigen Ginkgobaumes, der übrigens weder zu den Laub- noch zu den Nadelbäumen gehört und für den die Botaniker deshalb eine eigene Pflanzenabteilung geschaffen ha-

ben, besiedelten schon vor 300 Millionen Jahren – noch bevor die Dinosaurier auftauchten – unsere Erde. Übrig geblieben ist heute freilich nur eine einzige Art: *Ginkgo biloba*, dem der Dichterfürst J.W. von Goethe als Sinnbild der Freundschaft sogar ein eigenes Gedicht widmete.

[die Spezialisten]

## Mikrofossilien weisen den Weg zum Öl

Nach Erdöl zu bohren ist teuer, denn mit jedem Fehlversuch setzen Firmen, die nach dem schwarzen Gold suchen, Millionen von Dollar im wahrsten Sinne des Wortes in den Sand. Auch die moderne Technik hilft bei der Suche nur begrenzt: Seismische Messungen sind leider relativ ungenau, weshalb oft ein paar hundert Meter neben der richtigen Stelle gebohrt wird. Aus diesem Grund beschäftigen die meisten Bohrfirmen einen Mikropaläontologen, der anhand winziger versteinerter Einzeller, der so genannten Foraminiferen, herausfinden kann, wo es sich lohnt zu bohren. Foraminiferen sind nämlich dank ihrer kalkhaltigen, löchrigen Gehäuse die Hauptproduzenten von Kalkgestein, das wiederum als wichtigster Speicher von Erdöl gilt. So weisen Gesteinsschichten mit einem hohen Foraminiferenanteil oft auf besonders ergiebige Lagerstätten hin.

## Läuse plagen ihre Opfer schon seit 44 Millionen Jahren

Mit dem Fund einer 44 Millionen Jahre alten fossilen Laus im Eckfelder Maar in der Eifel konnten Paläontologen den Beweis antreten, dass es sich bei Läusen um wirklich uralte Plagegeister handelt. *Megamenopon rasnitsyni*, wie die Urzeit-Laus benannt wurde, hauste wohl parasitisch im Gefieder von Ur-Wasservögeln, die mit den heute lebenden Enten, Schwänen und Gänsen verwandt sind. Nach Ansicht vieler Wissenschaftler entwickelten sich die Läuse jedoch nicht erst zeitgleich mit den ersten Vögeln, sondern schon deutlich früher. Und so ist es durchaus möglich, dass bereits gefiederte Dinosaurier unter den kleinen Plagegeistern zu leiden hatten und diese dann an ihre Nachfolger, die ersten Vögel, regelrecht »vererbt« haben.

27

# Quiz für Schnelldenker

**1** **Wie viele Tage hatte ein Jahr vor 600 Millionen Jahren?**
a) 275
b) 365
c) 425

**2** **Welcher ausgestorbene Vogel ziert das Wappen eines souveränen Staates?**
a) Moa
b) Dodo
c) *Archaeopterix*

**3** **Welches prähistorische Tier gab es tatsächlich?**
a) Beutellöwe
b) Beutelelefant
c) Beutelgiraffe

**3** Während es niemals einen Beutelelefant oder gar eine Beutelgiraffe gab, war der Beutellöwe (*Thylacoleo carnifex*) mit einer Länge von bis zu 1,80 m und einem Gewicht zwischen 110 und 150 kg das mächtigste Raubtier, das je auf dem australischen Kontinent gelebt hat. Die großen Beutelraubkatzen, die erstmals vor 1,6 Millionen Jahren »down under« in Erscheinung traten, verfügten über riesige Reißzähne und dank einer gewaltig ausgeprägten Unterkiefermuskulatur auch über eine unwahrscheinlich starke Beißkraft. Warum der Beutellöwe vor 40.000 Jahren ausstarb, ist nicht geklärt.

**2** Der Dodo, ein etwa 1 m großer, flugunfähiger Vogel, wurde 1598 von portugiesischen Seeleuten auf der Insel Mauritius entdeckt. Doch die Entdeckung brachte dem Dodo kein Glück, denn noch nicht einmal 100 Jahre nach seiner Entdeckung galt der Dodo als ausgerottet, da die plumpen, zutraulichen Vögel ohne Gnade mit Prügeln erschlagen und verspeist oder an vorbeikommende Segelschiffe als Proviant für die Fahrt verkauft wurden. Erst posthum wurde dem Dodo eine große Ehre zuteil: Seit 1906 ziert der ausgestorbene Vogel als Schildhalter das Wappen des Inselstaates Mauritius.

**1** Wissenschaftler haben durch genaue Messungen der Rotationsgeschwindigkeit der Erde festgestellt, dass die Tageslänge alle 100.000 Jahre um 1,6 Sekunden zunimmt. Verantwortlich für dieses Phänomen ist die Verlangsamung der Eidrotation, die im Wesentlichen von der Gezeitenreibung durch den Mond hervorgerufen wird ist. Im Laufe der Zeit macht das ganz schön was aus. So dauerte vor 400 Millionen Jahren ein Tag etwa 22 Stunden, und vor 600 Millionen Jahren war er sogar nur knapp 21 Stunden lang. Und da die Jahreslänge nahezu konstant geblieben ist, hatte vor 600 Millionen Jahren ein Jahr eben nicht 365, sondern 425 Tage.

# Warum war ein lebendes Fossil Taufpate von Kapitän Nemos U-Boot?

Als Jules Verne 1870 seinen Roman »20.000 Meilen unter dem Meer« schrieb, benannte er das berühmte U-Boot des Kapitäns Nemo nach einem tierischen Vorbild, dem Tintenfisch *Nautilus,* der in der Welt der Biologie als lebendes Fossil Furore gemacht hatte. *Nautilus*, der einzige Tintenfisch, der ein Außenskelett besitzt, ist ein heute noch lebender weitläufiger Verwandter der Ammoniten, deren erste Vertreter bereits vor 500 Millionen Jahren in den Weltmeeren auftauchten. Das lebende Fossil hat tatsächlich ähnliche Tauchmechanismen wie ein Unterseeboot, denn durch Fluten der als »Tauchzellen« fungierenden Kammern seiner Schale kann das Tier bequem in die Tiefe abtauchen. Will *Nautilus* dagegen auftauchen, werden die Kammern mit Gas gefüllt, und der Tintenfisch steigt nach oben.

# Wie töteten Terror-vögel ihre Beute?

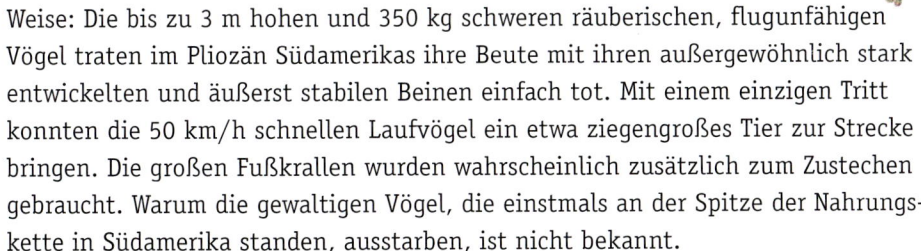

Bei den »Terrorvögeln« gilt »nomen est omen«, denn die vor etwa 2 Millionen Jahren ausgestorbe- nen Riesenvögel jagten auf ganz besondere brutale Weise: Die bis zu 3 m hohen und 350 kg schweren räuberischen, flugunfähigen Vögel traten im Pliozän Südamerikas ihre Beute mit ihren außergewöhnlich stark entwickelten und äußerst stabilen Beinen einfach tot. Mit einem einzigen Tritt konnten die 50 km/h schnellen Laufvögel ein etwa ziegengroßes Tier zur Strecke bringen. Die großen Fußkrallen wurden wahrscheinlich zusätzlich zum Zustechen gebraucht. Warum die gewaltigen Vögel, die einstmals an der Spitze der Nahrungs- kette in Südamerika standen, ausstarben, ist nicht bekannt.

## Säbelzahntiger waren riesige Vorfahren der heute lebenden Tiger

Wissenschaftler sprechen lieber von Säbelzahnkatzen als von Säbelzahntigern, wenn es um die ausgestorbenen Raubtiere mit den auffälligen, bis zu 20 cm langen Reißzähnen geht. Und das hat einen guten Grund: Viele »Säbelzahntiger«-Arten waren, entgegen einer weit verbreiteten Vorstellung, gar nicht sonderlich groß, sondern eher recht klein, teilweise sogar kleiner als ein Leopard oder ein Ozelot. Lediglich die größte Art *Smilodon* war etwa so groß wie ein afrikanischer Löwe. Und mit dem heutigen Tiger sind Säbelzahnkatzen auch nicht näher verwandt. Einige Paläontologen stellen sogar die Zuordnung zu den Katzen in Frage. Säbelzahnkatzen sind erst vor rund 10.000 Jahren ausgestorben. Unklar ist bis heute, wofür sie die langen Zähne benötigten, da diese die Tiere beim Fressen vermutlich nur behinderten.

## Ammoniten sind versteinerte Schnecken

Die spiralige Windung ihres Gehäuses täuscht: Ammoniten gehören zwar – wie die Muscheln und Schnecken – zu den Weichtieren, werden aber als Verwandte der heute lebenden Tintenfische zur Gruppe der Kopffüßer gerechnet. Vom Aussehen her erinnern die Schalen der Ammoniten an die aufgedrehten, wulstigen Hörner eines Widders. Deshalb taufte der römische Schriftsteller Plinius d. Ä. sie in Anlehnung an den ägyptischen Gott Ammon, der auf Abbildungen stets mit Widderkopf dargestellt wurde, auch »Ammonshörner« oder Ammoniten.

## Die gewaltige Mega-Arachne war die größte Spinne aller Zeiten

Als 1980 ein britisch-argentinisches Forscherteam in der argentinischen Provinz San Luis ein etwa 300 Millionen Jahre altes spinnenähnliches Fossil mit einer Körperlänge von 34 cm und einer Beinspannweite von über einem halben Meter entdeckte, glaubten die Wissenschaftler, die größte Spinne aller Zeiten vor sich zu haben. Und lange Zeit konnte dieser einmalige Fund, dem die Forscher folgerichtig den Namen *Megaarachne* (= Riesenspinne) verliehen, diesen Titel auch mit Recht in Anspruch nehmen. Mittlerweile jedoch haben Wissenschaftler anhand verschiedener spinnenuntypischer Merkmale herausgefunden, dass es sich bei der vermeintlichen Rekordspinne um gar keine Spinne handelt, sondern dass der Urzeitgigant zur heute ausgestorbenen Gruppe der Seeskorpione gehört. So gilt (wieder) die heute noch lebende und bei den Spinnenfreaks unter den Terraristikfreunden sehr beliebte südamerikanische Riesenvogelspinne *Theraphosa blondi* mit einer Beinspannweite von immerhin fast 30 cm als größte Spinne der Welt.

**[schon gehört?]**

## Früher gab es in Deutschland Kolibris

Vor 30 Millionen Jahren schwirrten noch Kolibris durch Deutschland. 2004 entdeckten deutsche Wissenschaftler in einer Tongrube bei Heidelberg einen fossilen Verwandten eines modernen Kolibris. Da die winzigen Vögel uns heute lediglich aus Amerika bekannt sind, gaben die Forscher dem ersten Kolibri, der in der alten Welt entdeckt wurde, ganz folgerichtig den Namen *Eurotrochilus inexpectatus* (lat.: unerwartete europäische Variante des *Trochilus*). *Trochilus* ist der Name einer heute lebenden Kolibrigattung. Der fossile Kolibri unterscheidet sich offenbar kaum von seiner »modernen« amerikanischen Verwandtschaft. Auch er war im Besitz eines langen, spitzen Schnabels sowie speziell gestalteter Schultergelenke, die es dem Minivogel erlaubten, die Flügel rotieren zu lassen und so in der Luft schwebend Nektar aus Blüten zu trinken.

## In der Antarktis gab es Dinosaurier

1991 machten amerikanische Wissenschaftler in der Antarktis eine sensationelle Entdeckung: In einer etwa 190 Millionen Jahre alten Eisschicht fanden sie die Überreste eines Dinosauriers. Bei dem etwa 8 m langen und rund 1,5 Tonnen schweren *Cryolophosaurus* handelte es sich um einen Raubsaurier, der im frühen Jura lebte. Der Dino aus dem Eis wird heute auch gerne *Elvisaurus* genannt, weil seine Knochenkämme an die Entenschwanzfrisur von Elvis Presley erinnern.
Aber konnte ein Dinosaurier in der Antarktis überhaupt überleben? Sehr gut, denn die Antarktis war damals nicht der lebensfeindliche Kontinent, der sie heute ist. Im Jura war sie noch als Teil des Riesenkontinents Pangäa mit Australien, Afrika und Südamerika verbunden, und es herrschte dort ein deutlich milderes Klima als heute. Mittlerweile wurden noch weitere Dinosaurierreste in der Antarktis entdeckt.

## *Deinonychus* – der Dino mit der Mörderklaue

Der 3 m lange und fast 2 m hohe Dinosaurier *Deinonychus* war vor rund 100 Millionen Jahren in Nordamerika zu Hause. Als Besonderheit besaß er am 2. Zeh seiner Füße eine 13 cm lange gebogene Kralle, die er als todbringende Waffe einsetzen konnte. Vermutlich hielt der Raubsaurier, der wahrscheinlich in Rudeln jagte, sein Opfer mit den verhältnismäßig kurzen Vordergliedmaßen, die mit krallenbewehrten Greiffingern ausgestattet waren, fest, während er mit den sichelbewehrten Hinterfüßen auf seine Beute einschlug und sie dabei regelrecht aufschlitzte. Beim Laufen konnte der äußerst wendige Saurier die Sichelkralle so weit zurückziehen, dass sie den Boden nicht berührte. Dieser Kralle verdankt der *Deinonychus* übrigens auch seinen wissenschaftlichen Namen, denn korrekt übersetzt bedeutet dieser nichts anderes als »schreckliche Kralle«.

[ u n g l a u b l i c h ,   a b e r   w a h r ]

## Ausgestorbener Riesenaffe in Apotheke entdeckt

Sein Name ist *Gigantopithecus blacki*. Er lebte vor mehreren Millionen Jahren und war mit einer Größe von über 3 m und einem
Gewicht von über 500 kg der größte Menschenaffe aller Zeiten.
Zum Vergleich: Ein großer Gorilla wird rund 1,90 m groß und
wiegt gerade mal 200 kg. Entdeckt wurde der
gigantische Riesenaffe erst 1935 von dem
deutschen Paläontologen Gustav
von Königswald. Diesem fiel
ein menschenähnlicher, aber
walnussgroßer (!) Backen-
zahn auf, als er in einer
Apotheke in Hongkong
fossile Zähne unter-
suchte, die dort als so
genannte Drachen-
zähne zu medizini-
schen Zwecken verkauft
wurden. Von Königswald
erkannte, dass der Zahn
zu einer neuen, riesigen
Primatenart gehören
musste, die er auf den
Namen *Gigantopithecus blacki*
taufte. Seit dieser Zeit sind 3 Kiefer-
knochen und mehr als 1000 Zähne des fossilen Riesenaffen auf-
getaucht, nicht nur in chinesischen Apotheken, sondern auch an
»natürlichen« Fundstellen in China und Vietnam. Aufgrund der
Zahngröße konnten Paläontologen auf Größe und Gewicht des
Giganten der Urzeit schließen. Wie *Gigantopithecus* aber wirklich
ausgesehen hat, weiß niemand.

33

# Evolution des Menschen

Als Mitte des 19. Jahrhunderts der Begründer der modernen Evolutionstheorie, Charles Darwin, andeutete, dass der Mensch nicht das Ergebnis eines Aktes der Schöpfung sei, sondern wie jedes andere Tier einen evolutionären Entwicklungsprozess durchlaufen habe, erntete er einen Sturm der Empörung und wurde zum meistangefeindeten Wissenschaftler seiner Zeit. Seine von seinen Gegnern verkürzt und falsch abgeleitete Behauptung, der Mensch stamme vom Affen ab, brachte nicht nur das christliche Menschenbild gewaltig ins Wanken, sondern ließ auch so manchen braven Bürger bei der Vorstellung, sein Urgroßvater sei etwa ein Schimpanse gewesen, mächtig erschauern. So soll die Frau des Bischofs von Worcester, als sie von den Ideen Darwins hörte, entsetzt gefleht haben: »Wenn es wahr ist, dann lasst uns beten, dass es nicht allgemein bekannt wird!«

## Heute wissen wir, dass die Wiege der Menschheit in Ostafrika liegt. Dort

wurde im Jahr 2000 das 6 Millionen Jahre alte Skelett des ältesten heute bekannten Vorläufers des Menschen gefunden. Auf diesen so genannten Millenium-Mann folgte der *Australopithecus*, ein Vormensch, der weder als Affe, noch als Mensch bezeichnet werden kann. Aus diesen Prähominiden, die zumindest teilweise schon aufrecht gingen, bildete sich dann vor etwa 2,5 Millionen Jahren der erste Mensch: *Homo habilis* – der »befähigte« Mensch. Er hatte nicht nur eine deutlich höhere Gehirnkapazität als seine Vorfahren, sondern konnte auch Werkzeuge anfertigen.

## Vor 2 Millionen Jahren trat dann der *Homo erectus,* der »aufrechte

Mensch«, auf den Plan. Dem *Homo erectus* gelang die Zähmung des Feuers, und wahrscheinlich war er auch bereits in der Lage, sich mittels einer primitiven Sprache zu verständigen. Aus dem *Homo erectus* entwickelten sich 2 weitere Menschenformen: der Neandertaler und der *Homo sapiens* – der »weise« Mensch.

## Während der Neandertaler eine Art Sackgasse der Evolution darstellte

und vor rund 28.000 Jahren ausstarb, erwies sich der *Homo sapiens* als Erfolgsmodell: Er kam mit allen Klimaveränderungen zurecht, baute immer bessere Werkzeuge, domestizierte Tiere und besiedelte fast alle Lebensräume der Erde.

Die Geschichte der Musik reicht bis zum Eiszeitalter zurück. Das belegt der Fund einer aus Mammutknochen geschnitzten 30.000 Jahre alten Flöte, die auf der Schwäbischen Alb ausgegraben wurde.

## [Die größten, die kleinsten und die schwersten]

Der längste Mensch aller Zeiten war ein Amerikaner namens Robert Wadlow. Er maß vom Scheitel bis zur Sohle unglaubliche 2,72 m. Bereits mit 12 Jahren war er 2,10 m groß. Sein Riesenwuchs wurde durch eine Überaktivität der Hirnanhangsdrüse verursacht, die zu einer übermäßigen Ausschüttung von Wachstumshormonen führte.

Die größte Frau aller Zeiten war die Chinesin Zeng Jinlian, die stolze 2,48 m groß wurde.

Der schwerste Mensch aller Zeiten war der US-Amerikaner Jon Brower Minnoch, der das stattliche Gewicht von 635 kg auf die Waage brachte. Als Minnoch zur Untersuchung seiner Fettleibigkeit ins Krankenhaus gebracht werden musste, waren für seinen Transport 12 Feuerwehrleute notwendig.

Der kleinste erwachsene Mann aller Zeiten war der Inder Gul Mohammed, der nur 57 cm groß wurde.

## [Kraft, Schnelligkeit, Ausdauer und Geschicklichkeit]

Als stärkster Mann der Welt wird meist der Weltrekordler im Superschwergewicht im Gewichtheben angesehen. Aktueller Rekordhalter ist der Iraner Hossein Rezazadeh, der 2004 bei den Olympischen Spielen in Athen 263,5 kg zur Hochstrecke brachte.

Der zur Zeit offiziell schnellste Mann der Welt ist der Jamaikaner Asafa Powell, der 2005 mit 9,77 Sekunden einen neuen Weltrekord über 100 m aufstellte. Das entspricht einer Durchschnittsgeschwindigkeit von 36,84 km/h – im Vergleich zu einem Geparden, der es auf über 100 km/h bringt, freilich eine eher bescheidene Leistung.

Der Mensch mit der größten Ausdauer ist eine Frau, nämlich die Deutsche Astrid Benöhr, die seit 1999 den Weltrekord über die 10-fache Ironman-Distanz im Triathlon (38 km Schwimmen, 1800 km Rad, 422 km Laufen) hält. Die damals 41-jährige Athletin benötigte für diese unvorstellbaren Distanzen 7 Tage, 19 Stunden, 18 Minuten und 37 Sekunden.

Der wahrscheinlich geschickteste Mensch der Welt ist der Amerikaner Bruce Sarafian, der – wenn auch nur für wenige Sekunden – mit 12 (!) Bällen gleichzeitig jonglieren kann.

## [Rekorde der besonderen Art]

Die Begierde, sich im Guiness-Buch der Rekorde zu verewigen, treibt Menschen manchmal dazu, Weltrekorde der besonderen Art aufzustellen. In der nachfolgenden Tabelle sind einige der skurrilsten Höchstleistungen genannt.

| | | |
|---|---|---|
| Der weiteste Wurf mit einem Kuhfladen | 81,1 m | Steve Urner (USA) |
| Der höchste Turm aus Bierdeckeln | 4 m | Sven Goebel (Deutschland) |
| Das schwerste mit den Zähnen gezogene Schiff | 576 Tonnen | Omar Hanapiev (Russland) |
| Das meiste Blut gespendet | 189 Liter | Maurice Creswick (Südafrika) |
| Die meisten Klapperschlangen im Mund | 12 | Jackie Bibby (USA) |

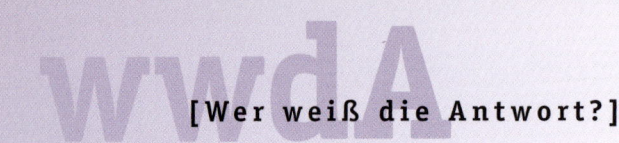
# Welcher vermeintliche Urmensch entpuppte sich als wissenschaftliche Fälschung?

1912 stellte der britische Amateur-Paläontologe Charles Dawson der Welt eine Sensation vor: Er präsentierte einen Menschenschädel, dessen Unterkiefer zweifelsohne affenähnliche Merkmale aufwies und den er in der Nähe der Ortschaft Piltdown gefunden haben wollte. Dieser so genannte Piltdown-Mensch war angeblich 500.000 Jahre alt und wurde in den nächsten Jahren nicht nur als Beweis der menschlichen Evolution in mehreren Museen zur Schau gestellt, sondern war auch Gegenstand zahlreicher wissenschaftlicher Abhandlungen. Erst 1953 konnte mit der Radiokarbonmethode festgestellt werden, dass die Schädelteile gerade mal ein paar hundert Jahre alt waren. Bei näherer Betrachtung entpuppte sich der »sensationelle« Unterkiefer als der eines Orang-Utans, der mit allerlei Tricks passend zum Oberkiefer gemacht worden war. Wer für die Fälschung verantwortlich war, ist mit letzter Sicherheit nicht bekannt.

# Quiz für Schnelldenker

**1 Aus welchem Ausgangsmaterial wurden die ersten Eisen-Werkzeuge angefertigt?**

a) aus Meteoriten

b) aus stark eisenhaltigen Pflanzen

c) aus Eisenerz

**2 Wie hoch war die durchschnittliche Lebenserwartung in der Steinzeit?**

a) 21 Jahre

b) 31 Jahre

c) 41 Jahre

**3 Wie kam der berühmte Gletschermann Ötzi ums Leben?**

a) Er ist erfroren.

b) Er wurde umgebracht.

c) Er ist an Darmparasiten gestorben.

**3** Es war eine archäologische Sensation ersten Ranges, als 1991 am Rande des Similaungletschers die über 5000 Jahre lang vom Eis perfekt konservierte Mumie eines Menschen aus der Jungsteinzeit entdeckt wurde. Der Gletschermann hatte dann auch schnell seinen Namen weg: Ötzi, nach seinem Fundort, den Ötztaler Alpen. Und da neben Ötzi auch noch seine gesamte Kleidung und Ausrüstung gut erhalten waren, konnten wertvolle neue Erkenntnisse über das Leben in der Jungsteinzeit gewonnen werden. Aber erst 10 Jahre später offenbarte eine Röntgenaufnahme, woran Ötzi gestorben war: In seinem Rücken steckte eine Pfeilspitze, die die Lunge durchbohrt hatte. Ötzi war also im Kampf gestorben oder gar ermordet worden!

**2** Forscher schätzen, dass die Menschen der Steinzeit im Schnitt gerade mal 21 Jahre alt wurden. Aber auch noch im Mittelalter war die Lebenserwartung mit rund 30 Jahren relativ gering. Erst in der 2. Hälfte des 19. Jahrhunderts stieg die Lebenserwartung, bedingt durch die verbesserten hygienischen Verhältnisse und die kompetentere medizinische Versorgung, auch für die ärmeren Gesellschaftsschichten rapide an. So liegt heute in Deutschland die durchschnittliche Lebenserwartung bei 75,3 Jahren für Männer und sogar bei 81,2 Jahren für Frauen.

**1** Mit Hilfe des so genannten Nickeltestes (alle Eisenmeteoriten enthalten mindestens 4 % Nickel) konnten Wissenschaftler zeigen, dass Eisen aus Meteoriten schon lange vor der eigentlichen Eisenzeit zur Herstellung von Waffen und Gebrauchsgegenständen verwendet wurde. Die ersten Gegenstände meteoritischer Herkunft tauchten bereits etwa 4000 v. Chr. in den sumerischen und ägyptischen Hochkulturen auf.

## Der Neandertaler war dumm, primitiv und brutal

Das Bild vom primitiven, keulenschwingenden Neandertaler herrschte – nicht zuletzt bedingt durch sein grobschlächtiges Aussehen sowie diverse Hollywoodproduktionen – lange bei uns vor. Die moderne Wissenschaft zeichnet allerdings ein ganz anderes Bild vom Urmenschen mit den markanten Überaugenwülsten: Er stellte eben nicht das »Bindeglied zwischen Affe und Mensch« dar, wie das noch im frühen 20. Jahrhundert gerne behauptet wurde. So war der Neandertaler in der Lage, Waffen und Gebrauchsgegenstände anzufertigen, kannte bereits das Feuer und war sogar die erste Menschenart, die Kleidung anfertigte. Fossilfunde belegen, dass er sogar Klebstoff herstellen konnte. Auch Kunst, Symbolik und ein gewisses Sozialverhalten waren den Neandertalern nicht fremd. So pflegten sie ihre Verletzten und beerdigten ihre Toten. Es gab sogar regerechte Begräbnisriten. Ob es allerdings eine eigene »Neandertalersprache« gegeben hat, ist in der Wissenschaft umstritten.

## In Öhningen wurde das Skelett eines in der Sintflut ertrunkenen Menschen gefunden

Es war einer der peinlichsten Irrtümer in der Geschichte der Paläontologie, der dem Schweizer Universalgelehrten Jacob Scheuchzer (1672–1733) unterlief, als er ein rund 14 Millionen Jahre altes Skelett, das in einem Steinbruch im badischen Öhningen gefunden worden war, als »Gerüst eines in der Sintflut ertrunkenen Menschen« deutete. Die Mär vom damals als Sensation bestaunten »Sintflutopfers von Öhningen« hielt sich noch über 50 Jahre, bis der berühmteste Paläontologe seiner Zeit, George Cuvier, herausfand, dass das Skelett mitnichten menschlicher Herkunft war, sondern von einem fossilen 1,35 m großen Riesensalamander stammte. Der wurde dann allerdings zu Ehren seines Entdeckers auf den Namen *Andrias scheuchzeri* getauft. In China findet man übrigens noch heute lebende, bis zu 2 m große Verwandte des »Riesensalamanders von Öhningen«.

## Die Urmenschen der Gattung *Australopithecus* lebten in Australien

Schon der Name der Australopithecen, die als Vorfahren des modenen Menschen angesehen werden und wohl bereits den aufrechten Gang kannten, suggeriert, dass diese Urmenschen den australischen Kontinent besiedelten. Das stimmt jedoch nicht. Die Hominiden der Gattung *Australopithecus* waren vielmehr vor 2–4 Millionen Jahren im östlichen und südlichen Afrika zu Hause. Ihr Name, den sie 1925 vom Entdecker des ersten fossilen *Australopithecus*, dem australischen Anthropologen Raymond Dart erhielten, ist ein Kunstwort und setzt sich aus dem lateinischen »australis« (= südlich – wegen des Fundortes in Südafrika) und dem altgriechischen »pithekos« (= Affe) zusammen.

**[schon gehört?]**

## Steinzeit-Spaghetti in China entdeckt

Obwohl die Italiener es immer noch hartnäckig leugnen, ist schon relativ lange bekannt, dass die Spaghetti nicht etwa im Land von Pizza und Pasta, sondern in China erfunden wurden. Dass man sie dort aber bereits in der Steinzeit verspeiste, ist eine neuere Erkenntnis. So entdeckte ein chinesischer Geologe in einer jungsteinzeitlichen Ausgrabungsstätte in der Nähe des Gelben Flusses einen luftdicht verschlossenen Topf, der, wie spätere Untersuchungen ergaben, mehr als 4000 Jahre im Erdreich geschlummert hatte. Als der Forscher den Topf öffnete, war die Überraschung groß: Der Inhalt bestand aus goldgelben Hirse-Spaghetti, die natürlich, nachdem sie mit Sauerstoff in Berührung kamen, alsbald zu Staub zerfielen. So war an eine Kostprobe der Steinzeitpasta leider nicht zu denken, und es blieben nur einige Beweisfotos, die der Geologe geistesgegenwärtig von seinem sensationellen Fund geschossen hatte.

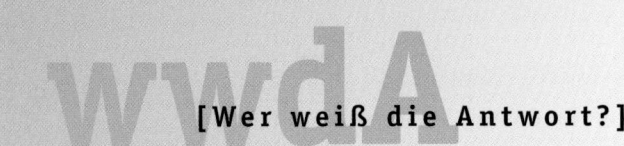
# Warum sind die Neandertaler ausgestorben?

Lange lastete ein schwerer Verdacht auf den Schultern unserer unmittelbaren Vorfahren, denn zahlreiche Wissenschaftler vertraten die Hypothese, dass die Neandertaler vom gleichzeitig lebenden *Homo sapiens* ausgerottet worden seien. Heute wissen wir, dass es die starken Klimaschwankungen waren, denen die Neandertaler zum Opfer fielen. Untersuchungen des Klimas der Vorzeit zeigen, dass die Wintertemperaturen vor 30.000 Jahren bis auf 10 °C unter den Gefrierpunkt abgestürzt waren. Offenbar fehlte es den Neandertalern – im Gegensatz zum modernen Menschen, der völlig neue Werkzeuge entwickelte, um in diesen lebensfeindlichen Verhältnissen der letzten Eiszeit zu überleben –, ganz einfach am technischen Knowhow. So starb der Neandertaler, trotz seiner im Vergleich zum modernen Menschen überlegenen Kraft und Konstitution vor 28.000 Jahren wohl aus, weil er sich nicht an geänderte Umweltbedingungen anpassen konnte.

# Waren die Neandertaler Kannibalen?

Zwar müssen nicht gleich alle Neandertaler dem Kannibalismus gefrönt haben, aber Paläo-Anthropologen haben 1999 eindeutige Belege dafür entdeckt, dass zumindest einige der Urmenschen Menschenfresser waren. Untersuchungen an 100.000 Jahre alten Knochen, die in einem prähistorischen Abfallhaufen in der in Südfrankreich gelegenen Höhle von Moula Guercy gefunden wurden, brachten es ans Licht: Hier hatten sich einige Neandertaler an Artgenossen gütlich getan und dann die Überreste ihrer Mahlzeit zusammen mit den Resten anderer Beutetiere ordnungsgemäß entsorgt. Übrigens steht auch unser direkter Vorfahre, der *Homo erectus*, bei einigen Forschern im Verdacht, zeitweilig ein Kannibale gewesen zu sein.

# Quiz für Schnelldenker

**1** **Wie groß war das Gehirn eines Neandertalers im Vergleich zu dem eines modernen Menschen?**
a) kleiner
b) größer
c) gleichgroß

**2** **Wer ist der nächste »Verwandte« des Menschen?**
a) Schimpanse
b) Orang-Utan
c) Gorilla

**3** **Wer gilt als ältestes Haustier?**
a) Schaf
b) Hund
c) Katze

**3** Die Domestikation, d. h. der Übergang vom Wildtier zum Haustier, begann bereits in der Steinzeit und fand unabhängig voneinander in verschiedenen Teilen der Welt statt. Der vom Wolf abstammende Hund gilt als ältestes Haustier, seine Zähmung dürfte in Mitteleuropa etwa vor 13.000 Jahren vollzogen worden sein. Um 9000 v. Chr. trat dann das Schaf erstmals in Kleinasien als Haustier in Erscheinung. Die Katze wurde erst vor etwa 5000 Jahren zum Gefährten des Menschen.

**2** 98,6 % des genetischen Materials von Mensch und Schimpanse sind identisch. Damit sind diese afrikanischen Menschenaffen unsere nächsten Verwandten, allerdings dicht gefolgt von Gorillas und Orang-Utans. Zum Vergleich: Mit einer Maus haben wir Menschen eine zu etwa 60 % gemeinsame Erbmasse. Bei so viel genetischer Übereinstimmung ist es nicht weiter verwunderlich, dass es bei Schimpansen allerlei »Menschliches« zu entdecken gibt. Sie können einfache Werkzeuge gebrauchen, eine einfache Zeichensprache erlernen und erkranken an nahezu allen menschlichen Infektionskrankheiten. Und männliche Schimpansen erleiden oft ein Schicksal das auch 60 % ihrer menschlichen Verwandtschaft beschieden ist: Sie bekommen eine Glatze.

**1** Neandertaler besaßen ein mit einem durchschnittlichen Inhalt von etwa 1500 cm³ geringfügig größeres Gehirn als der moderne Mensch (durchschnittlich etwa 1400 cm³). Das heißt jedoch keineswegs, dass die Neandertaler intelligenter waren als die heutigen Menschen, denn die Gehirngröße hängt zwar unmittelbar mit der Leistungsfähigkeit des Verstandes zusammen, ist jedoch kein alleiniger Maßstab hierfür.

## Zeichnungen aus der Steinzeit 36 m unter dem Meeresspiegel entdeckt

Als der französische Taucher Henri Cosquer 1985 im Mittelmeer nahe der Hafenstadt Marseille tauchte, stieß er auf eine Höhle, deren Eingang rund 36 m unter dem Meeresspiegel liegt. Soweit kein besonders aufregender Fund. Das änderte sich aber, als er 1991 mit einem Forscherteam in die nach ihm benannte und heute weltberühmte Cosquer-Höhle zurückkehrte und dort rund 27.000 Jahre alte Höhlenmalereien entdeckte, auf denen unter anderem Seehunde, Pferde, Büffel, Robben und Steinböcke sowie Fische und Meeresvögel dargestellt waren. Wie die Steinzeitmenschen in die Unterwasserhöhle gelangt waren, lässt sich relativ leicht erklären: Der Meeresspiegel lag während der Eiszeit vor 20.000 Jahren etwa 120 m unter dem heutigen Niveau, sodass die Steinzeitkünstler damals die Höhle trockenen Fußes betreten konnten. Mit dem Ende der Eiszeit stieg der Meeresspiegel an, und der Höhleneingang versank im Meer.

## In der Steinzeit gab es bereits Städte

Zugegeben, die Steinzeitsiedlung, die der britische Archäologe James Mellaart Mitte des vergangenen Jahrhunderts im türkischen Ort Çatal Hüyük entdeckte, war keine Großstadt. Aber mit bis zu 10.000 Einwohnern dürfte sie vor rund 8000 Jahren sehr wohl die damals größte Siedlung der Welt gewesen sein. Die aus Lehmziegeln bestehenden Häuser waren so stark ineinander verschachtelt, dass die Steinzeitstadt eher einer Festung als einer modernen Stadt glich. Türen und Fenster fehlten weitgehend, die Häuser wurden meist mit Hilfe von Leitern über Dachluken betreten. In den Häusern gefundene Wandbilder, Reliefs und Skulpturen sowie kunstvoll verarbeitete Tücher zeigen, dass die vermeintlich so primitiven Steinzeitmenschen zumindest hier eine deutlich höhere Kulturstufe erreicht hatten, als man bisher vermutete.

## Steinzeit-Speere waren »High-Tech«-Waffen

1994 wurden im niedersächsischen Schöningen 9 vollständig erhaltene Wurfspeere gefunden, mit denen der *Homo erectus* vor etwa 400.000 Jahren Jagd auf
Wildpferde und andere Beutetiere gemacht haben dürfte. Die aus Fichtenholz
hergestellten Wurfspeere sind die ältesten vollständig erhaltenen Jagdwaffen der
Welt. Tests mit Nachbauten der »Schöninger Speere« zeigten, dass ihre Wurf- und
Flugeigenschaften geradezu phänomenal waren. So konnte der deutsche Rekordhalter im Speerwurf, Raymond Hecht, einen modernen Karbonspeer gerade mal
einen halben Meter weiter werfen als einen Steinzeitspeer. Das ist freilich nicht
weiter verwunderlich, denn die prähistorischen Speere entsprechen in Länge,
Gewicht und Gewichtsverteilung nahezu exakt dem heutigen Damen-Wettkampf-
speer. Und die »High Tech«-Waffen zeichnen auch noch ein neues Bild vom angeblich so tumben *Homo erectus*: Denn wer solche Speere herstellen konnte,
musste bereits über einen umfassenden technischen Erfahrungsschatz verfügen.

## [die Spezialisten]

## Schimpansen benutzen verschiedene Werkzeuge

Was man früher eigentlich nur dem Menschen und einigen seiner
Vorfahren zutraute, haben Forscher nun auch bei seinen nächsten
Verwandten, den Schimpansen, nachweisen können: einen hoch
entwickelten Werkzeuggebrauch. So angeln die Affen z. B. mit vorher sorgfältig entlaubten Ästen nach Termiten, einer ihrer Lieb-
lingsspeisen; sie stecken ihre »Termitenangel« in Öffnungen der
Termitenbaue und warten geduldig, bis einige der Insekten sich
mit ihren Mundwerkzeugen darin verbissen haben. Anschließend
ziehen sie ihre Angel wieder heraus und können die Beute in aller
Ruhe verzehren. Auch selbst gebaute Schwämmchen zur Wasser-
aufnahme aus Baumhöhlen, der Gebrauch von Ästen und Wurzeln
zum Knacken von hartschaligen Nüssen und sogar der Einsatz von
Knüppeln als Waffe sind bei Schimpansen bekannt. So stehen die
Menschenaffen uns wohl auch in dieser Hinsicht am nächsten.

45

# Vulkanismus

Früher glaubten die Menschen, wenn ein Vulkan spuckend und fauchend riesige Aschewolken und glühende Lavaströme ausstieß, die Rache der Götter hätte den Untergang der Welt eingeläutet. Heute wissen wir, dass das Gegenteil der Fall ist, denn der Ausbruch eines Vulkans ist ein sichtbares Zeichen dafür, dass unser Planet im Inneren lebt. Verantwortlich für den Vulkanismus ist die spezielle Beschaffenheit der Erdoberfläche. Diese besteht nämlich keineswegs aus einer zusammenhängenden Fläche, sondern ist in 7 riesige und mehrere kleine Platten unterteilt.

Die Platten unter den Ozeanen bezeichnet man dabei als ozeanische Platten, die, die die Kontinente tragen, nennt man entsprechend Kontinentalplatten.

# Alle Platten schwimmen regelrecht auf dem zähflüssigen Erdmantel,

in dem so hohe Temperaturen und ein so hoher Druck herrschen, dass Gestein hier plastisch verformt und geschmolzen wird. Dabei driften die zwischen 6 und 30 km dicken Platten, wenn auch nahezu unmerklich, in unterschiedliche Richtungen. Als Motor für diese Plattenbewegungen dienen so genannte Konvektionsströme, die wie eine riesige Walze dafür sorgen, dass immer wieder heißes Gestein nach oben kommt, dort abkühlt und dann wieder nach unten sinkt.

# Driften die Platten auseinander, entstehen Spalten, durch die ge-

schmolzenes Gestein, so genanntes Magma, nach außen tritt, abkühlt und eine neue Kruste bildet. Da die Erde jedoch eine Kugel ist, müssen sich die Platten an einer anderen Stelle auch aufeinander zu bewegen. Stoßen zwei Platten aufeinander, gleitet eine Platte über die andere. Ozeanische Platten werden dabei immer unter kontinentale Platten geschoben, da sie dichter und damit schwerer sind. Bei diesem Vorgang kann es zu Vulkanausbrüchen kommen, denn in rund 10 km Tiefe wird die abgetauchte Platte durch die hohen Temperaturen geschmolzen.

# Hat sich im Erdmantel dann eine größere Menge an flüssigem Gestein

gebildet, steigt das Magma nach oben, da es eine geringere Dichte als das umgebende Mantelgestein hat. Die Austrittstelle an der Erdoberfläche wird dann als Vulkan bezeichnet.

Nur Menschen sind größere Umweltsünder als aktive Vulkane. So ist z. B. der auf Hawaii gelegene Kilauea ein besonders übler Luftverschmutzer, der neben dem gefährlichen Treibhausgas Kohlendioxid auch große Mengen Schwefeldioxid freisetzt.

### [Die Größten]

Mit 6893 m ist der in den Anden Chiles gelegene erloschene Vulkan Ojos del Salado der höchste Vulkan der Welt und zugleich der zweithöchste Berg Südamerikas.

Der höchste aktive Vulkan der Welt ist der Cotopaxi in Ecuador. Der mit einer Höhe von 5897 m zweithöchste Berg des Landes hatte 1904 seinen letzten größeren Ausbruch. Sein Gipfelkrater weist einen Durchmesser von 800 × 550 m auf und ist rund 350 m tief.

Der absolut größte aktive Vulkan der Welt ist der Mauna Loa auf Hawaii. Er ist über 9000 m hoch, allerdings sind davon nur 4139 m sichtbar, da sein Sockel in fast 5000 m Tiefe auf dem Meeresgrund steht. Sein Durchmesser auf dem Meeresgrund beträgt 250 km.

### [Vulkanisches Allerlei]

Der aktivste Vulkan der Welt ist der 1243 m hohe Kilauea auf der Pazifikinsel Hawaii. Er spuckt jedes Jahr durchschnittlich 120 Millionen m$^3$ Magma an die Erdoberfläche. Insgesamt haben die Lavaströme des Kilauea bisher ein Gebiet von 100 km$^2$ bedeckt.

Der größte Lavastrom seit Menschengedenken ergoss sich 1783 aus der Isländischen Laki-Spalte. Der rund 8 Monate dauernde Ausbruch begrub über 300 km$^2$ Land unter sich.

Das mit mehr als 3,8 Milliarden Jahren älteste Vulkangestein der Welt wurde in der kanadischen Provinz Quebec entdeckt.

## [In aller Welt]

Der Beerenberg ist der nördlichste aktive Vulkan der Welt. Der Stratovulkan befindet sich auf der zu Norwegen gehörenden Insel Jan Mayen und ist 2277 m hoch. Sein letzter Ausbruch war 1985.

Der südlichste Vulkan der Welt ist der ständig aktive 3794 m hohe Mount Erebus auf der Ross-Insel in der Antarktis.

Die höchste Vulkandichte findet sich auf dem Meeresgrund. Nordwestlich der Osterinseln entdeckten Wissenschaftler auf einer Fläche so groß wie Süddeutschland 1133 Vulkane.

Indonesien ist das Land mit den meisten aktiven Vulkanen weltweit. Rund 60 % der über 200 Vulkane des Inselstaats sind noch aktiv.

## [Die schwersten und folgenschwersten Erdbeben in aller Welt seit 1900]

Während das schwerste Erdbeben aller Zeiten 1960 in Chile stattfand, sind im Allgemeinen in Asien die meisten Todesopfer zu beklagen. Die genaue Zahl der Toten bei einem Erdbeben ist gerade in Ländern der Dritten Welt oft nur schwer zu ermitteln. Die Angaben über die Todesopfer weichen daher in verschiedenen Quellen stark voneinander ab.

| Kontinent | Ort | Jahr | Stärke (Richterskala) | Anzahl der Todesopfer |
|---|---|---|---|---|
| Südamerika | Valdivia (Chile) | 1960 | 9,5 | 5700 |
| Nordamerika | San Francisco | 1906 | 7,8 | 3000 |
| Asien | Indischer Ozean (Sumatra) | 2004 | 9,4 | 230.000 |
| Europa | Messina (Sizilien) | 1908 | 7,5 | 84.000 |
| Antarktis | Macquarieinsel | 2004 | 8,1 | 0 |

## Warum steigen jährlich 200.000 Menschen auf den höchsten Vulkan Japans?

3776 m sind kein Pappenstiel, und doch steigen jährlich mehr als 200.000 Menschen auf den schneebedeckten Gipfel des Fujijama, der nicht nur der höchste Vulkan, sondern auch der höchste Berg Japans ist. Im Land der aufgehenden Sonne gilt der Fujijama als heiliger Berg und ist daher ein begehrtes Pilgerziel. Sowohl im Shintoismus als auch im Buddhismus ist es eine Art religiöser Verpflichtung, den heiligen Berg zumindest 1-mal im Leben zu besteigen. Auch sollen jedem erfolgreichen »Gipfelstürmer« seine Sünden vergeben werden. Bis zum 19. Jahrhundert war es Frauen allerdings nicht gestattet, den heiligen Berg zu besteigen. Heute wird der Fujijama nicht nur von frommen Pilgern, sondern sogar von gewöhnlichen Touristen erklommen. Übrigens lautet ein altes japanisches Sprichwort: »Wer 1-mal auf den Berg Fuji steigt, ist weise. Wer ihn 2-mal besteigt, ist ein Narr.«

## Was ist ein schlafender Vulkan?

Unter einem schlafenden Vulkan verstehen Vulkanologen einen aktiven Vulkan, der zwar zur Zeit keine Tätigkeit zeigt, im Gegensatz zu einem bereits erloschenen Vulkan jedoch in Zukunft wieder erwachen kann. Diese oft trügerischen Ruhephasen können bis zu 20.000 Jahre lang anhalten. In Deutschland gelten die Vulkane der Eifel, die vor rund 11.000 Jahren ihren letzten Ausbruch hatten, als schlafende Vulkane. Am Laacher See, einem mit Wasser vollgelaufenen Vulkankrater, kann man ständig aufsteigende Gasblasen beobachten, die vulkanischen Ursprungs sind und zeigen, dass es hier immer noch unterirdische aktive Magmakammern gibt. Die meisten Vulkanologen sind sich sicher, dass es auch in Zukunft vulkanische Aktivität in der Eifel geben wird, und beobachten die schlafenden Vulkane deshalb sehr genau.

# Quiz für Schnelldenker

**1** **Wie viele Erdbeben gibt es jährlich weltweit?**
a) 300
b) 30.000
c) 300.000

**2** **In welchem Land finden die meisten Erdbeben statt?**
a) Indien
b) Türkei
c) Japan

**3** **Wie wurde der höchste Wolkenkratzer der Welt erdbebensicher gemacht?**
a) durch einen Sockel aus Titan
b) durch Einbau eines Schwingungsdämpfers
c) durch Verwendung von speziellem Zement

**3** Unglücklicherweise liegt der höchste Wolkenkratzer der Welt, der 2004 in Taiwans Hauptstadt Taipeh fertig gestellte 508 m hohe Turm »Taipei 101«, in einem der erdbebenreichsten Gebiete der Welt. Um auch einem größeren Erdbeben standhalten zu können, ließen die Architekten zwischen dem 88. und dem 92. Stockwerk den größten Schwingungsdämpfer der Welt einbauen: Eine rund 660 Tonnen schwere Stahlkugel mit einem Durchmesser von 5,5 m, die an armdicken Stahlseilen aufgehängt ist, soll durch Gegenpendeln eventuelle Schwankungen des Wolkenkratzers ausgleichen und das Gebäude ausbalancieren.

**2** Die meisten Erdbeben ereignen sich in Japan, denn der Inselstaat liegt genau dort, wo 3 tektonische Platten (Eurasische, Philippinische und Pazifische Platte) aufeinander treffen. Etwa 10 % der seismischen Aktivität der Erde finden daher in Japan statt. Von den ca. 250 japanischen Vulkanen sind noch rund 40 aktiv. So ist es nicht verwunderlich, dass es im Land der aufgehenden Sonne fast täglich zu kleineren und leider manchmal auch größeren Erdbeben kommt.

**1** Jährlich werden auf der Erde etwa 300.000 Erdbeben registriert. Etwa 120 davon erreichen auf der Richterskala die Stärke 6,0 und mehr – das bedeutet, sie besitzen bereits eine Stärke, die in dicht besiedelten Regionen schwere Gebäudeschäden verursachen und auch Todesopfer fordern kann. Mit der 1935 vom amerikanischen Seismologen Charles Francis Richter entwickelten Richterskala kann die Stärke eines Erdbebens mit Hilfe von Instrumenten einheitlich bestimmt werden. Es handelt sich dabei um eine logarithmische Skala; das bedeutet, dass ein Beben der Stärke 7 etwa 100-mal stärker ist als ein Erdbeben der Stärke 5.

## Die Alpen standen schon immer in Europa

Das höchste Gebirge Europas, das mächtige Alpenmassiv, war nicht von An-
fang an in Europa zu Hause. Vor rund 200 Millionen Jahren befand sich das
Gestein, aus dem die Alpen entstanden sind, noch
am Nordrand von Afrika. Damals trennte,
ähnlich wie dies heute das Mittelmeer tut,
das tropische Tetys-Meer den afrikanischen Kontinent von Eurasien – allerdings
auf Höhe des Äquators. Durch die Konti-
nentaldrift wurde jedoch die afrikanische
Kontinentalplatte über die Eurasische
Platte hinweg nach Norden geschobenen
und brachte so afrikanisches Gestein
nach Mitteleuropa. Vor sich her schob die
Platte dabei den Meeresboden des Tetys-Meeres,
weshalb man heute in Salzlagerstätten in Südbayern immer noch Salz aus
dem urzeitlichen, längst verschwundenen Meer abbauen kann. Der eigentliche Auffaltungsprozess der Alpen zu einem Hochgebirge begann erst vor ca.
30 Millionen Jahren. Dieser Prozess setzt sich übrigens bis heute fort, denn
die Alpen wachsen weiter – mit einer Geschwindigkeit von etwa 1 mm/Jahr.

## In Südafrika entstanden aus Meereslebewesen Diamanten

Wissenschaftler der kanadischen University of Alberta haben 2005 die sensationelle Entstehungsgeschichte der Diamanten aus der südafrikanischen
Mine Jagersfontein entschlüsselt. Sie analysierten den so genannten chemischen Fingerabdruck des bei Schmuckliebhabern so begehrten Minerals und

fanden dabei heraus, dass vor Urzeiten die auf dem Meeresboden abgelagerten sterblichen Überreste von Meereslebewesen zusammen mit einer abtauchenden ozeanischen Platte im Erdmantel in rund 500 km Tiefe verschwanden. Dabei wurden die leichtflüchtigen Bestandteile durch die Hitze eliminiert, zurück blieb nur noch reiner Kohlenstoff in Form von Graphit. Den Rest besorgte der immense Druck: die Umwandlung von Graphit in Diamanten. Und so steckt heute wohl so mancher urzeitliche Meeresbewohner im glitzernden Ring an der Hand einer schönen Dame.

## [die Spezialisten]

### Der Stein, der schwimmt

Bimsstein ist ein Gestein vulkanischen Ursprungs, das entsteht, wenn aus gasreichen Magmafetzen bei der Eruption die chemisch gebundenen Gase wie z. B. Stickstoff, Chlorwasserstoff oder Schwefeldioxid durch den Abfall des Drucks explosionsartig entweichen. Bei diesem Vorgang bildet sich ein lockeres, blasenreiches, regelrecht aufgeblähtes Gestein, das deshalb extrem leicht ist und ein spezifisches Gewicht von lediglich $0,3\ g/m^3$ aufweist. Aus diesem Grund geht Bimsstein eben nicht »unter wie ein Stein«, sondern schwimmt hübsch oben auf der Wasseroberfläche. Der Vulkanstein wird gerne als Baustoff, aber auch in der Körperpflege zur Entfernung von Hornhaut eingesetzt.

53

# Wie sind die Vulkane zu ihrem Namen gekommen?

Vulkane sind nach dem römischen Gott Vulcanus benannt, dem Gott des Feuers und der Schmiede. Der hinkende und auch nicht besonders attraktive Vulcanus war ein Sohn des Göttervaters Jupiter und mit der schönen Venus verheiratet, die ihm jedoch alles andere als treu war. Der römischen Mythologie nach lagen seine Werkstätten tief unter einem Vulkan auf der Insel Vulcano, wo er für die Herstellung der Waffen der Götter und Halbgötter verantwortlich war. Spuckte der Vulkan Feuer, wussten die alten Römer, dass Vulcanus mit seinen wilden Gesellen, den einäugigen Zyklopen, bei der Arbeit war. Da Vulcanus als zerstörerische Gottheit galt, errichtete man seine Tempel vorsichtshalber schon aus feuerpolizeilichen Gründen nur außerhalb von Städten. Die Insel Vulcano selbst gehört zu den vor der Nordküste Siziliens gelegenen Liparischen Inseln und besteht aus 5 Vulkanen, von denen noch 2 aktiv sind. Der letzte Ausbruch fand 1888 statt.

# Was versteht man unter einer Brotkrustenbombe?

Bei einem Vulkanausbruch herausgeschleuderte Lavafetzen bezeichnen Geologen ab einem Durchmesser von 6 cm als Bomben. Die meisten Bomben sind spindel- oder eiförmig, da sie sich im Flug, während sie bereits beginnen zu erkalten, mehrfach um die eigene Achse drehen. Aus besonders gasreicher und zähflüssiger Lava entstehen so genannte Brotkrustenbomben. Bei diesem Bombentyp gast die Lava durch die rapide Änderung der Druck und Temperaturverhältnisse aus, und die Bombe wird regelrecht aufgebläht. Dadurch entstehen im Inneren große Spannungen, die in der bereits im Flug erkalteten Oberfläche Risse verursachen, die der Bombe das Erscheinungsbild eines Brotlaibes geben.

# Quiz für Schnelldenker

**1** **Aus welcher Entfernung konnte der Ausbruch des Vulkans Krakatau noch gehört werden?**
a) 30 km
b) 300 km
c) 3000 km

**2** **Welcher Vulkanausbruch war der größte der Neuzeit?**
a) Krakatau
b) Mount St. Helens
c) Tambora

**3** **Welches der 7 Weltwunder wurde durch ein Erdbeben zerstört?**
a) der Koloss von Rhodos
b) der Leuchtturm von Alexandria
c) die hängenden Gärten der Semiramis

**3** Der Leuchtturm von Alexandria war mit 134 m das höchste Gebäude seiner Zeit. Der Turm, der 279 v. Chr. fertig gestellt wurde, war im Verlauf der Zeit immer wieder von Erdstößen beschädigt worden, stürzte jedoch erst infolge eines größeren Erdbebens im 14. Jahrhundert ins Meer. Einem Erdbeben zum Opfer gefallen ist wohl auch der »Koloss von Rhodos«. Die etwa 36 m große Bronzestatue des Sonnengottes Helios, die die Hafeneinfahrt der griechischen Insel Rhodos bewachte, wurde 224 v. Chr. zerstört.

**2** Der Ausbruch des auf der indonesischen Insel Sumbawa gelegenen Vulkans Tambora im April 1815 ist zweifellos die gewaltigste Eruption, über die es genauere Aufzeichnungen gibt. Beim Ausbruch wurden rund 150 km³ Gestein und Asche in bis zu 70 km Höhe geschleudert und verdunkelten im Umkreis von 500 km für 3 Tage komplett den Himmel. Die Sprengkraft der Eruption war 170.000-mal höher als die der Atombombe von Hiroshima. Der Ausbruch war so gigantisch, dass sich dichte Wolken aus Asche durch Luftströmungen rund um den Erdball verteilten und damit eine dramatische Abkühlung des Weltklimas auslösten.

**1** Der Krakatau, eine Vulkaninsel zwischen Sumatra und Java, brach am 27. August 1883 aus. Die Eruption, die nur 2 Tage dauerte, war so gewaltig, dass die ganze Insel zerstört wurde. Die Eruptionsgeräusche waren die lautesten, die in der Geschichte der Menschheit überliefert sind. Sie wurden noch auf der 3000 km entfernten Insel Rodrigues nahe Mauritius vernommen. Beim Ausbruch starben 36.000 Menschen.

55

## Der höchste Vulkan steht auf dem Mars

Der höchste Vulkan (und zugleich Berg) des Sonnensystems ist der treffenderweise nach dem Sitz der griechischen Götter benannte Olympus Mons auf dem Mars. Er ist mit einer Höhe von 26,4 km etwa 3-mal so hoch wie der Mount Everest, dabei mehr als 20-mal so breit wie hoch und erreicht dadurch einen Durchmesser von 600 km. Der gigantische Schildvulkan ist allerdings nach Ansicht von Forschern bereits seit mehreren hundert Millionen Jahren erloschen. Der mächtigste aktive Vulkan unseres Sonnensystems, Loki genannt, befindet sich auf dem Jupitermond Io und produziert dort mehr Wärme als alle Vulkane auf der Erde zusammen. Io gilt als vulkanisch aktivster Körper des Sonnensystems.

## Auch schlafende Vulkane können tödlich sein

Eigentlich wirkt der stille Kratersee in den Hügeln Kameruns völlig harmlos. Doch der Schein trügt, denn beim Nyos-See, der sich in einem alten Vulkankrater im Oku-Vulkangebiet befindet, handelt es sich um einen so genannten Mördersee. Gefährlich machen ihn die immer noch unter dem See entlang eines erkalteten Vulkanschlotes aufsteigenden magmatischen Gase – vor allem das giftige Kohlendioxid. Denn statt langsam in die Atmosphäre zu entweichen, sammelt sich das Gas in dem über 200 m tiefen See so lange an, bis es schließlich eine kritische Menge erreicht und explosionsartig freigesetzt wird. Im Jahr 1986 strömte eine riesige Menge Gas dabei in 2 naheliegende Täler und tötete in einem Umkreis von 27 km etwa 1800 Menschen und Tausende von Tieren.

## Die Insel Surtsey tauchte innerhalb von nur 5 Tagen aus dem Atlantik auf

Am 14. November 1963 hatten isländische Fischer die seltene Gelegenheit, die Geburt einer Insel live mitzuerleben. An diesem Tag brodelte nahe der Insel Heimaey die sonst so eisige See, und unter gewaltigen Eruptionen begann eine Vulkaninsel aus dem Atlantik aufzutauchen. Nach 5 Tagen explosionsartiger Vulkantätigkeit ragte der Krater bereits 60 m über die Wasseroberfläche. Die Eruptionen dauerten noch volle 4 Jahre an. Erst am 5. Juni 1967 hörte die Vulkantätigkeit auf. Entstanden war eine Insel mit einer Fläche von rund 2,5 km$^2$ und einer Höhe von bis zu 188 m, die in Anlehnung an den sagenhaften nordischen Feuerriesen Sutur auf den Namen Surtsey getauft wurde. Wissenschaftlern bietet Surtsey die einmalige Gelegenheit, die pflanzliche und tierische Besiedlung einer »neugeborenen« Insel zu beobachten.

[schon gehört?]

## Die größte Stadt der Welt ist ständig von einem Vulkanausbruch bedroht

Mexiko-City ist mit über 25 Millionen Einwohnern die größte Stadt der Welt. Doch in der riesigen Metropole leben die Menschen am Rande eines gefährlichen Vulkans – des Popocatépetl. Der 5426 m hohe Stratovulkan gehört nach Ansicht von Experten zu den Hochrisikovulkanen und damit zu den gefährlichsten Feuerbergen der Erde. Seit 1994 bricht der Vulkan immer wieder aus, spuckt glühende Steine und heiße Asche. Die letzte Eruption war im Jahr 2003. Sollte es einmal zu einem »richtigen« Ausbruch von Mexikos berühmtestem Vulkan kommen, ist auch die nur rund 60 km entfernte mexikanische Hauptstadt massiv gefährdet. Übrigens: Der Name Popocatépetl stammt aus der Sprache der Azteken und bedeutet so viel wie rauchender Berg.

# Die Ozeane

Nicht umsonst wird die Erde der »blaue Planet« genannt – sind doch 71 % der Erdoberfläche von Wasser bedeckt. Und – vom Toten Meer einmal abgesehen – sind die
Weltmeere Lebensraum für zahlreiche Tiere und Pflanzen. Besonders die tierische
Vielfalt ist im Meer wesentlich größer als auf dem Land. So kommen von den 33
bekannten Tierstämmen 30 im Meer vor, die Hälfte davon sogar ausschließlich. Bei
der Zahl der Arten scheint die Situation jedoch eher umgekehrt zu sein: Bisher

wurden von Wissenschaftlern rund 1,5 Millionen an Land lebende Arten beschrieben, im Meer aber gerade mal 250.000 verschiedene Arten. Es gilt jedoch abzuwarten, wie viele Arten noch in der Tiefsee ihrer Entdeckung harren, denn trotz des gewaltigen technischen Fortschritts der letzten Jahre ist dieser rätselhafte Lebensraum zweifellos immer noch die am wenigsten erforschte Region unserer Erde. Sogar über den Mond wissen wir mehr als über die Tiefen des Meeres, wo komplette Dunkelheit und ein gewaltiger Druck vorherrschen.

**Der Meeresboden birgt zahlreiche** Bodenschätze wie Erdöl, Erdgas oder Mangan, die durch neue Techniken zunehmend erschlossen werden. Dazu sind die Ozeane seit Tausenden von Jahren eine der wichtigsten Nahrungsquellen der Menschen. Und lange schien der Reichtum der Meere auch unerschöpflich. Ein verhängnisvoller Trugschluss, wie sich zeigte, denn Überfischung mit modernsten Fangtechniken, oft ohne jegliches Augenmaß, hat in einigen Meeren zu einem dramatischen Rückgang der Fischbestände geführt.

**Auch für Verkehr und Handel** sind die Weltmeere von größter Bedeutung. So werden, wenn man das Gewicht als Maßstab nimmt, etwa 92 % aller Güter im Welthandel – das sind rund 5,7 Milliarden Tonnen jährlich – auf dem Seeweg transportiert.

**Im Klimasystem der Erde** spielen die Ozeane ebenfalls eine wichtige Rolle. So produziert die Meeresflora etwa 70 % des zum Leben benötigten Sauerstoffes. Und die hohe Wärmekapazität des Meerwassers wirkt ausgleichend auf die im Jahresverlauf schwankenden Temperaturen der Atmosphäre.

Leider stellt mittlerweile die Meeresverschmutzung eine ernsthafte Bedrohung dar. Besonders betroffen sind die kleinen und flachen Meere wie Nord- und Ostsee oder das Mittelmeer, die regelrecht zur Müllkippe verkommen sind.

## [Hoch und tief]

Mit einer durchschnittlichen Tiefe von 4028 m ist der Pazifik der tiefste Ozean. Die tiefste Stelle im Ozean befindet sich im Pazifik in der Nähe von Guam, zwischen Japan und Neuseeland. Der so genannte Marianengraben ist an der tiefsten bekannten Stelle 11.034 m tief. Zum Vergleich: der Mount Everest ist nur 8848 m hoch.

Die größte Tauchtiefe erreichte das US-Tauchboot Triest 1960. Im Marianengraben sank es bis auf den Grund des »Challenger-Deeps« in 10.910 m Tiefe.

Das größte Unterwassergebirge sind die Mittelozeanischen Rücken mit einer Länge von 65.000 km. Die höchste Stelle dieser riesigen unterseeischen Bergketten befindet sich rund 4200 m über dem Meeresboden.

## [Groß und klein]

Der Pazifik ist mit einer Fläche von 166.241.700 km² der größte Ozean. Damit stellt er allein fast die Hälfte der Weltmeere.

Das wahrscheinlich kleinste Meer der Welt, zumindest aber das kleinste Meer Europas, ist das Marmara-Meer, ein Nebenmeer zwischen dem Ägäischen und dem Schwarzen Meer. Es hat eine Fläche von lediglich 11.500 km².

Das Wattenmeer an der Nordsee ist mit etwa 8000 km² Wasseroberfläche das größte und bedeutendste Wattenmeer weltweit. Zugleich zählt es zu den fruchtbarsten Naturlandschaften der Welt und bietet allein jedes Jahr über 12 Millionen Vögeln Nahrung. Das zwischen Küste und Inseln gelegene Meer erstreckt sich über eine

Länge von ungefähr 450 km von Holland über das deutsche Küstengebiet bis hin zur dänischen Küste.

Die größte Insel der Welt ist mit 2175.600 km$^2$ das zu Dänemark gehörende Grönland. Die Kontinente zählen nach allgemeiner Auffassung nicht zu den Inseln.

## [Heiß, kalt, und salzig]

Die höchste Temperatur, die je in einem Meer gemessen wurde, betrug 404 °C. Ein amerikanisches Forschungsunterseeboot registrierte diese Temperatur in einem hydrothermalen Feld auf dem Meeresboden rund 500 km vor der Westküste der USA.

Das salzigste Meer ist das Tote Meer. Sein Salzgehalt beträgt bis zu 33 %, im Durchschnitt sind es rund 28 %. Zum Vergleich: Der Salzgehalt der Nordsee liegt bei etwa 3 %.

Die tiefsten Wassertemperaturen findet man an den Polen: knapp -2 °C, da der Gefrierpunkt des Meerwassers bei einem durchschnittlichen Salzgehalt von 3,5 % bei dieser Temperatur liegt.

## [Meerestiere und -pflanzen]

Das größte Meeresraubtier ist der vom Aussterben bedrohte gewaltige Pottwall, die größte Pflanze der zu den Blaualgen gehörende Riesenkelp, der in kalten Gewässern oft regelrechte Wälder bildet.

| Größtes Raubtier | Pottwal | bis 20 m |
| Größter Fisch | Walhai | bis 12,7 m |
| Größter Tintenfisch | Riesenkalmar | bis 16,8 m |
| Größte Muschel | Riesenmördermuschel | bis 1,4 m |
| Größte Pflanze | Riesenkelp | über 100 m |

## Warum ist das Meer blau?

Die blaue Farbe des Meeres wird durch das Sonnenlicht verursacht, das auf das Wasser fällt, denn Wasser hat die physikalische Eigenschaft, alle Farben, aus denen das Sonnenlicht zusammengesetzt ist, bis auf blaues Licht zu verschlucken. Blaues Licht wird dort nicht absorbiert, sondern reflektiert, das heißt zurückgeworfen. Deshalb erscheint das Meer blau.

Manchmal hat das Meer aber auch andere Farben. So werden z. B. Grünfärbungen durch eine große Anzahl winziger Algen verursacht, während die namensgebende Gelbfärbung des Gelben Meeres auf die vielen Sand- und Tonteilchen im Wasser dieses zwischen China und der koreanischen Halbinsel gelegenen Meeres zurückzuführen ist.

## Wer ist der beste tierische Schauspieler der 7 Meere?

Würde im Tierreich ein Preis für die beste schauspielerische Leistung verliehen, wäre der Mimik-Oktopus ein heißer Sieganwärter, denn dieser rund 60 cm große Tintenfisch ist in der Lage, verschiedene Meerestiere durch Form- und Farbveränderung perfekt zu imitieren. So kann sich der erst im Jahr 2001 vor der Küste Malaysias entdeckte Krake je nach Gusto innerhalb weniger Sekunden in einen Plattfisch, einen Rotfeuerfisch oder sogar in eine Seeschlange verwandeln. Der Mimik-Oktopus bevorzugt als Lebensraum die Schlick- und Sandböden des Flachwassers, wo es naturgemäß wenig Versteckmöglichkeiten gibt. Und so ist der Tintenfisch auf seine Schauspielkunst angewiesen, um seinen Fressfeinden etwas vorzugaukeln, denn wer legt sich schon gerne mit einer giftigen Seeschlange oder einem mit Giftstacheln bewehrten Feuerfisch an.

# Quiz für Schnelldenker

**1** **Über welche Entfernung können sich Finnwale unterhalten?**
a) mehr als 10 km
b) mehr als 100 km
c) mehr als 1000 km

**2** **Warum verärgert der Bootsmannfisch die Bewohner von Hausbooten im kalifornischen Sausalito?**
a) Er stört ihren Schlaf.
b) Er zernagt ständig den Schiffsrumpf.
c) Er stinkt fürchterlich.

**3** **Was wurde mit Hilfe des berühmten Tauchbootes Alvin entdeckt?**
a) das versenkte Schlachtschiff Bismarck
b) eine riesige neue Haiart
c) eine verloren gegangene Wasserstoffbombe

**3** Das 1964 auf Kiel gelegte Tauchboot Alvin, das viele Jahre später noch maßgeblich an der Entdeckung des versunkenen Ozeanriesen Titanic beteiligt sein sollte, half der US-Regierung im Jahre 1966 aus einer als brenzlig bezeichneten Situation: Das etwa 7 m große 3-Mann-Tauchboot fand und barg nämlich etwa 20 km vor der spanischen Küste eine bei dem Absturz eines amerikanischen Bomberflugzeug verloren gegangene Wasserstoffbombe. Nach Angaben der US-Navy war die Bombe nicht scharf gewesen.

**2** Wenn der Bootsmannfisch nach seinem Weibchen ruft, ist es für die Bewohner von Hausbooten in der kalifornischen Hafenstadt Sausalito mit der Nachtruhe vorbei. Der Fisch, der von der Gestalt her eher an eine Kröte erinnert, erzeugt seinen Paarungsruf mit außerordentlich schnellen Muskeln, deren Kontraktionen seine Schwimmblase vibrieren lassen. Der Fisch-Lärm, der nach Aussagen genervter Hausbootbesitzer an eine tief fliegende Bomberstaffel erinnert, wird unglücklicherweise durch die Schiffsrümpfe der Hausboote noch verstärkt.

**1** Die Gesänge, mit denen männliche Finnwale in den Tiefen der Ozeane nach einer Liebsten suchen, können von einer Finnwaldame noch in über 1000 km Entfernung vernommen werden. Die sehr tiefen Töne der Wale – Wissenschaftler sprechen von Infra-Schall – gehören zu den lautesten im Tierreich: Sie werden mit einer Lautstärke von etwa 188 Dezibel ausgestoßen – das entspricht dem Lärm, den ein startender Düsenjäger verursacht. Einige Forscher vermuten sogar, dass sich ein Finnwal im Indischen Ozean per Infra-Schall locker mit einem Artgenossen im Pazifik unterhalten kann.

## Froschfisch flog in den Weltraum

Eine Schönheit ist der Froschfisch mit seinem unförmigen Körper, dem riesigen Maul und den hochstehenden Glubschaugen nun wirklich nicht, und doch hat er etwas erreicht, von dem andere Fische nur träumen können: Er flog zusammen mit Senator John Glenn und 5 weiteren Astronauten in den Weltraum. Es waren sogar 2 Exemplare des Meeresfisches, die, wenn auch nur als Versuchskaninchen, an der Spaceshuttle-Mission STS-95 teilnahmen. Die Froschfische wurden für den Weltraumflug ausgewählt, da ihr Gleichgewichtsorgan dem menschlichen sehr ähnlich ist und man sich neue Erkenntnisse über Gleichgewichtsstörungen wie z. B. Schwindelanfälle oder die Reisekrankheit erhoffte.

## Nordseekrabben kommen frisch vom Kutter aufs Brötchen

Wer während eines Nordseeurlaubs genussvoll ein Krabbenbrötchen verspeist, ahnt meist nicht, welch lange Reise die kleinen Garnelen bereits hinter sich haben, denn vor den Genuss haben die Götter den Schweiß gesetzt. Um die leckeren, bereits an Bord gekochten Tiere aus ihrem Chitinpanzer herauszubekommen – Fachleute sprechen vom »Krabbenpulen« –, braucht man viel Geschick und Zeit. Daher werden über 90 % der über 25.000 Tonnen Krabben, die jährlich an der Nordseeküste gefangen werden, mit LKWs gut gekühlt zum Schälen nach Marokko gebracht, wo die Arbeitszeit billig ist. Nach einer 7-tägigen Rundreise sind die Krabben dann wieder da, wo sie hergekommen sind – an der Nordseeküste.

## Meeresschildkröten müssen bei der Eiablage vor Anstrengung weinen

Wenn eine 8 Zentner schwere Suppenschildkröte zur Eiablage nachts das Meer verlässt und sich mühsam und keuchend weit den Strand hinaufschleppt, bedeutet das für das an Land so behäbige Tier eine gewaltige Anstrengung. Dass es aber vor Erschöpfung gleich Tränen vergießt, hört sich zwar romantisch an, stimmt aber nicht. Zwar tritt aus ihren Augen tatsächlich eine Flüssigkeit aus, aber dabei wird mit der Tränenflüssigkeit lediglich das mit der Nahrung im Überschuss aufgenommene Meersalz ausgeschieden.

[die Spezialisten]

## Hummer haben ihre Zähne im Magen

Hummer besitzen zwar Mundwerkzeuge, mit denen sie ihre Beute grob in kleine Stücke reißen können, aber richtige Zähne zum Zerkauen der Nahrung fehlen den wohlschmeckenden Schalentieren. Aus diesem Manko heraus haben die Krebse einen so genannten Kaumagen entwickelt, in dem die Nahrung nicht nur chemisch durch Verdauungsenzyme aufgeschlossen, sondern auch durch 3 große raspelartige Magenzähne zerkleinert wird. Die beiden Seitenzähne und der gewaltige mittlere Zahn haben Reiben und Schneiden und können grobe Nahrungsbestandteile wie in einer Mühle regelrecht zerreiben.

## Seeschlangen existieren nur in Legenden und Mythen

Seeschlangen gibt es wirklich. Allerdings handelt es sich bei diesen Reptilien nicht um riesige Monster, die in Legenden aus aller Welt gleich ganze Schiffe mit Mann und Maus verschlungen haben sollen, sondern um deutlich kleinere Tiere. Doch auch vor den real existierenden Seeschlangen ist höchste Vorsicht geboten. Alle Vertreter der in den Küstengewassern des Indopazifik vorkommenden Schlangen sind nämlich extrem giftig. Selbst für Menschen kann ein Biss tödlich enden, denn die Giftstärke mancher Seeschlangenarten übertrifft die einer Kobra um ein Vielfaches. Vor allem Fischer werden beim Leeren ihrer Netze immer wieder gebissen. Taucher haben vor Seeschlangen weniger zu befürchten, denn zum Glück sind die Giftschlangen eher scheu und flüchten, sollte man ihnen zufällig begegnen.

## Früher wurden Teile des Darminhalts von Pottwalen zur Parfümherstellung verwendet

Mit einem Stück Ambra konnte man früher ein reicher Mann werden, denn diese geheimnisvolle Substanz, die immer wieder im Darm von Pottwalen gefunden wurde, diente als wertvolle Trägersubstanz in der Parfümherstellung und wurde im wahrsten Sinne des Wortes mit Gold aufgewogen. Frische Ambra riecht zunächst überhaupt nicht gut und erhält erst durch den längeren Kontakt mit Luft und Licht einen lieblichen Duft. In manchen Pottwaldärmen wurden schon mehr als 400 kg Ambra gefunden. Wie Ambra entsteht, ist noch nicht völlig geklärt. Man vermutet jedoch, dass es als eine Art Wundverschluss gebildet wird, wenn die spitzen Hornschnäbel der Riesentintenfische, die die Lieblingsbeute der grauen Riesen darstellen, deren Darmwand verletzen. Während noch im letzten Jahrhundert so mancher Pottwal für eine aufregend duftende Dame sein Leben lassen musste, werden heute bei der Parfümherstellung ausschließlich synthetische Trägerstoffe verwendet.

## In Papua-Neuguinea kann man immer noch mit Muschelgeld bezahlen

2002 wurde im Städtchen Rabaul auf Papua-Neuguinea die erste Muschelbank der Welt eröffnet. In der »Tolai Exchange Bank« können die Ureinwohner der Insel ihr Muschelgeld in Münzen und Scheine eintauschen. Molluskenschalen als Zahlungsmittel sind im Indopazifischen Raum nichts Neues. Allerdings ist der Ausdruck »Muschelgeld« zoologisch gesehen nicht ganz korrekt, denn beim »Muschelgeld« handelte es sich in Wirklichkeit meistens um »Schneckengeld«. Eines der beliebtesten

Zahlungsmittel der Vergangenheit war die Kaurischnecke, die vom schwedischen Naturforscher Carl von Linné denn auch aus gutem Grund den wissenschaftlichen Namen *Cypraea moneta* erhielt. In der Regel wurden diese porzellanartigen hübschen Schnecken auf Schnüre gezogen und als Zeichen sichtbaren Wohlstandes auch gerne als Schmuck getragen.

67

# Warum werden Tiefseefische nicht vom hohen Druck zerquetscht?

In der Tiefsee ist es nicht nur dunkel und kalt, dort herrscht auch ein unglaublich großer Wasserdruck. So lastet in 1000 m Tiefe ein Druck von 100 kg auf jedem $cm^2$ Körperoberfläche der Meeresbewohner. Ein Mensch oder ein »normaler« Fisch würden unter diesen Bedingungen zu Brei gequetscht. Nicht so die Tiefseefische, die sich diesem immensen Druck des Wassers mit einem einfachen aber genialen Trick angepasst haben: Sie lagern große Mengen Wasser in ihr Gewebe ein. Und da Wasser nicht komprimierbar ist, können die Meerestiere selbst dem gewaltigen Druck, der in sehr großen Tiefen herrscht, standhalten. Aus dem oben genannten Grund haben die meisten Tiefseefische auch keine Schwimmblase ausgebildet.

# Wie kommt das Salz ins Meer?

Meerwasser unterscheidet sich von Binnengewässern durch seinen wesentlich höheren Salzgehalt. Der liegt im Durchschnitt bei 3,5 %. Doch woher kommt eigentlich das Salz? Das wasserlösliche Salz stammt aus den Gesteinsschichten der Erde. Es wird dort durch Regenwasser ausgewaschen und gelangt dann über Bäche und Flüsse ins Meer. Jedes Jahr sind das rund 2,75 Milliarden Tonnen Salz. Wenn das Meerwasser im Zuge des Wasserkreislaufes dann wieder verdunstet, bleibt das Salz zurück, denn es verdunstet nur reines Wasser. So hat sich über Millionen von Jahren das Salz in den Meeren angereichert. Heute befinden sich in den Weltmeeren unvorstellbare 50.000 Billionen Tonnen Salz. Dass die Meere nicht vollständig versalzen, hängt damit zusammen, dass ein Teil der zugeführten Salze wieder im Sediment abgelagert wird.

# Quiz für Schnelldenker

**1 Bei welchem der folgenden Tiere handelt es sich um einen Fisch?**
a) Seemaus
b) Seepferdchen
c) Seewespe

**2 Welches Meer liegt unterhalb des Meeresspiegels?**
a) Totes Meer
b) Schwarzes Meer
c) Rotes Meer

**3 Welche Fischspezialität stammt nicht vom Hering?**
a) Rollmops
b) Bückling
c) Schillerlocken

**1** Während es sich bei der Seewespe um eine Qualle und bei der Seemaus um einen Meereswurm handelt, gehören Seepferdchen zweifelsohne zu den Fischen – auch wenn ihr Äußeres nur sehr wenig an einen Fisch erinnert. Ihr Kopf ähnelt dem Kopf eines Pferdes, ihr Hinterleib aber einem Wurm. Dieses Aussehen brachte den Tieren auch ihren wissenschaftlichen Namen *Hippocampus* – die Pferderaupe – ein. Die nur wenige Zentimeter großen Tiere schwimmen aufrecht im Wasser, zur Fortbewegung dient ihnen nur ihre winzige Rückenflosse. Der Schwanz ist lang und dünn und zu einem aufrollbaren Greiforgan ausgebildet.

**2** Das Tote Meer ist nicht nur das salzigste Gewässer der Erde, sondern liegt auch mehr als 400 m unter dem Meeresspiegel. Und durch die übermäßige Wasserentnahme aus dem Jordan, des größten Zuflusses des Toten Meers, zur Versorgung von Israel und Jordanien mit Trinkwasser, sinkt der Wasserspiegel Jahr für Jahr weiter. So geben Wissenschaftler dem Toten Meer gerade noch 100 Jahre, bevor es vollständig ausgetrocknet sein wird.

**3** Während es sich beim goldgelben Bückling um einen geräucherten Hering handelt und wir unter einem Rollmops ein auf einen Holzspieß gespießtes mariniertes Heringsfilet verstehen, werden Schillerlocken aus dem Bauchfleisch des Dornhais zubereitet. Die Bauchstreifen werden vor dem Räuchern in sich gedreht, sodass sie eine Spiralform erhalten. Der Name soll tatsächlich von der Locken-Perücke des berühmten Dichters herrühren.

## Putzergarnelen betätigen sich als Go-go-Girls

Putzergarnelen ernähren sich ebenso wie die etwas besser bekannten Putzerfische von Parasiten und abgestorbenen Hautschuppen, die sie von der Haut von Fischen entfernen. Um Fische auf ihre Reinigungsdienste aufmerksam zu machen, versuchen die kleinen Krebse mit wiegenden Tanzbewegungen mögliche Kunden zu werben. So erkennen interessierte Fische an den Reklametänzen sofort, dass es sich bei den marinen Go-go-Girls nicht um Beutetiere handelt, sondern dass diese einen kostenlosen Pflegeservice anbieten. Die Tanzdarbietung führt in fast allen Fällen zu einer stillschweigenden Übereinkunft zwischen Putzergarnele und Fisch. Übrigens: Hungrige Putzergarnelen schwimmen deutlich näher an ihre potenziellen Kunden heran und tanzten auch viel ausdauernder und mit wilderen Bewegungen als bereits etwas gesättigte Artgenossen.

## Der Strom kommt jetzt (auch) aus dem Meer

Vor kurzem wurde auf der vor der Westküste Schottlands gelegenen Island of Islay das weltweit erste Wellenkraftwerk der Welt in Betrieb genommen. Wellenkraftwerke nutzen die Energie der Meereswellen, um elektrischen Strom zu erzeugen. Und da Wellenkraft zu den erneuerbaren Energien gehört und dazu noch preiswert ist, könnte in dieser neuen Technologie die Zukunft einer umweltfreundlichen und sicheren Energiegewinnung liegen.

Mit 500 Kilowatt ist die Leistung der Pionieranlage zwar noch recht bescheiden, aber nach Ansicht von Wissenschaftlern könnten schon in naher Zukunft mit Wellenkraftwerken 15 % des weltweiten Strombedarfs gedeckt werden. So will z. B. Schottland bis zum Jahr 2020 rund 40 % seines Stroms auf diese Art produzieren.

**[unglaublich, aber wahr]**

## Früher weigerten sich die Dienstboten, Lachs zu essen

Während heute der Genuss von echtem Wildlachs eine ebenso rare wie kostspielige Angelegenheit ist, war der Edelfisch aufgrund seiner Häufigkeit im 19. Jahrhundert so billig, dass das Bürgertum ihn seinen Dienstboten aus Sparsamkeitsgründen gerne täglich vorsetzte. Nach massiven Protesten von Seiten der Dienerschaft kam es in vielen deutschen Städten jedoch zu einer Übereinkunft, dass Lachs nur 2-mal in der Woche zumutbar sei. Was haben sich die Zeiten doch geändert!

## Im Uterus eines Sandtigerhais findet ein mörderischer Bruderkampf statt

Der Kampf ums Überleben findet bei Sandtigerhaien bereits im Mutterleib statt, denn bei dieser etwa 2 m großen, lebendgebärenden Haiart kommt es im Uterus zu einer Art vorgeburtlichem Kannibalismus unter Geschwistern. Die zuerst im Uterus aus den Eiern geschlüpften Jungtiere fressen nämlich, nachdem sie ihren Dottervorrat aufgebraucht haben, ihre später geschlüpften und damit kleineren und schwächeren Geschwister auf, da ihnen sonst keine andere Nahrung mehr zur Verfügung steht. So bleiben am Ende von ursprünglich 20–25 Embryonen gerade mal 2 übrig. Die neugeborenen Haie sind übrigens erstaunliche 1 m lang und wiegen bereits 20 kg und sind somit auch für den Überlebenskampf außerhalb des Mutterleibes bestens gewappnet.

71

## Killeralge heilt sich selbst

Die Algenart *Caulerpa taxifolia* verdrängt andere Algen, indem sie ihnen das Licht und die Nährstoffe entzieht. Und als wäre dies nicht genug, produziert sie auch noch verschiedene Gifte, die Fische und andere Meeresbewohner massiv schädigen. Deshalb wird diese Alge auch gerne als »Killeralge« oder »AIDS des Meeres« bezeichnet.

Bis Mitte der 1980er-Jahre war *Caulerpa* weitgehend unbekannt. Dann gelang es ihr jedoch, mit dem Abwasser aus einem monegassischen Aquarium ins Mittelmeer zu entkommen und innerhalb kürzester Zeit riesige Flächen dieses Meeres zu erobern. Biologen haben jetzt den Grund für den rasanten Siegeszug herausgefunden: *Caulerpa* ist nicht nur äußerst tolerant gegenüber Kälte und Lichtmangel, sondern verfügt auch über eine erstaunliche Vermehrungsstrategie: Werden ihre riesigen, oft meterlangen Zellen zerrissen, kann sie mit einer Art biologischem Zweikomponentenkleber die Rissflächen rasch mit einem schützenden Wundpfropf verschließen. Die derart versiegelten Fragmente werden dann oft von der Strömung weggetragen und können eine neue Algenkolonie gründen.

## In Japan werden jährlich 6000 Tonnen Quallen verspeist

Während Quallen in Europa eher als eklige Glibbertiere verrufen sind, gelten sie in einigen Teilen Asiens als Delikatesse. Allein in Japan kommen jährlich über 6000 Tonnen Quallen auf den Tisch. Roh oder frittiert, getrocknet oder gesalzen oder auch in Sojasauce mariniert – Quallen sind in Japan seit vielen Jahren ein begehrtes Nahrungsmittel und ein blühendes Millionengeschäft. Japanische Damen schätzen neben dem aufregenden Geschmack besonders die hautfreundlichen Eigenschaften des in Quallen reichlich enthaltenen Kollagens.

In Europa konnte sich die Gallertspeise bisher eher nicht durchsetzen. So beschrieb ein deutscher Testesser den Geschmack geradezu vernichtend als: »wie gammeliges Hafenbecken«.

## [die Spezialisten]

## Die Lichtjäger

In der Tiefsee herrscht absolute Dunkelheit. Doch die Tiere, die in der ewigen Nacht leben müssen, wissen sich zu helfen: Sie produzieren ihr eigenes Licht. Viele Fische benutzen dieses Licht Marke Eigenbau – Wissenschaftler sprechen von Biolumineszenz – nicht zuletzt zum Beutefang. So versucht der Tiefsee-Anglerfisch seine Opfer mit einem leuchtenden Köder an einem zu einer Angel umgewandelten Rückenflossenstrahl in die Reichweite seines riesigen Maules zu locken, und der Viperzahnfisch macht sogar gleich mit ganzen Reihen von Leuchtpunkten auf sich aufmerksam. Eine besonders raffinierte Strategie haben sich die Drachenfische ausgedacht: Sie wechseln zwischen blauer und roter Biolumineszenz. Mit Blaulicht locken sie die Beute an, denn blaues Licht können die meisten Tiere der Tiefsee sehen. Aber unter dem Auge besitzt der Drachenfisch auch noch einen speziellen Rotlichtscheinwerfer. Damit kann er seine Beute sehen, ohne selbst gesehen zu werden, da in der Tiefsee kein anderes Tier rotes Licht wahrnehmen kann.

## Haie besitzen einen eingebauten Beutedetektor

Die Evolution hat Haie mit einem 6. Sinn, nämlich hoch entwickelten Sensoren für elektrische Felder ausgerüstet. Diese so genannten Lorenzinischen Ampullen, die sich vor allem in der Schnauzenregion befinden, sind winzige Elektrorezeptoren, mit denen die Haie noch auf große Entfenungen die elektischen Potenziale, die von Menschen oder Tieren ausgehen, präzise lokalisieren können. Selbst ein im Sand vergrabenes Beutetier kann der Hai mit Hilfe dieses ähnlich einem Metalldetektor arbeitenden Sinnesorganes ausfindig machen, da kein Tier in der Lage ist, seine bioelektrischen Felder zu verbergen. Wissenschaftler nehmen an, dass Haie die Lorenzinischen Ampullen auch als eine Art geomagnetischen Kompass zur Orientierung am Erdmagnetismus einsetzen.

## 95 % der Meerestiere sind noch unbekannt

Eine rund 1 Milliarde US-Dollar teure internationale Studie, an der rund 300 Wissenschaftler aus über 50 Ländern mitgewirkt haben, brachte Erstaunliches zu Tage: Mehr als 95 % der Tierarten in den Ozeanen warten immer noch auf ihre Entdeckung. Im Augenblick werden weltweit etwa 3 neue Meerestierarten pro Woche entdeckt. Dabei sind große Arten wie Fische und große Tintenfische eher die Seltenheit. Meist handelt es sich bei den Neuentdeckungen um winzige, nur wenige Millimeter große Vertreter des Planktons. Aber die Forscher erwarten in den nächsten Jahren besonders in der Tiefsee noch die Entdeckung der einen oder anderen spektakuläre Tierart.

## Gegen einen Killerwal hat auch ein Weißer Hai keine Chance

Eine wahre Schlacht der Giganten konnte 1997 in der Nähe der kalifornischen Farallon Islands beobachtet und sogar gefilmt werden: Der Kampf eines Killerwals mit einem Weißen Hai. Offensichtlich war es das Blut eines frisch getöteten Seelöwen, das einen etwa 4 m langen Weißen Hai in die Nähe eines Killerwalweibchens, das sich in Begleitung seines Jungen befand, gelockt hatte. Der an Größe und Gewicht deutliche überlegene Killerwal zögerte nach Zeugenaussagen nicht eine einzige Sekunde und attackierte den Weißen Hai sofort. Nachdem es ihn getötet hatte, schwamm das Killerwalweibchen, den riesigen Hai quer im Maul haltend (!), an die Wasseroberfläche, wo es ihn seinem Jungtier zum Verzehr anbot. Ob der Killerwal den Hai angriff, um sein Junges zu schützen, oder nur seine Beute verteidigen wollte, ist ungeklärt. Bisher war man davon ausgegangen, dass sich die beiden gewaltigen Meeresräuber eher aus dem Weg gehen.

## Auch Wale haben Läuse

Auch die Riesen der Meere müssen sich mit Läusen herumärgern. Walläuse sind jedoch keine echten Läuse, denn es handelt sich bei ihnen keineswegs um Insekten, sondern sie gehören zur Ordnung der Amphipoden, die wiederum bei den Krebstieren einzuordnen sind. Die zwischen 3 und 4 mm kleinen Tiere klammern sich mit ihren langen Beinkrallen und speziellen Dornen an der Haut der großen Meeressäuger fest. Dabei bevorzugen sie Stellen wie z. B. die Bauchfurchen, an denen sie vor Wasserströmungen geschützt sind. Bei langsam schwimmenden Bartenwalen konnten schon bis zu 100.000 Walläuse pro Wirt gezählt werden, bei den schneller schwimmenden Zahnwalen ist diese Zahl aber deutlich geringer. So richtige Plagegeister wie ihre Namensvettern an Land sind Walläuse jedoch nicht. Sie sind nämlich keine Blutsauger, sondern ernähren sich von auf der Walhaut wachsenden Algen und abgeschliffenen Hautschuppen.

75

# Wetter und Klima

Alle reden vom Wetter – denn kaum etwas beeinflusst die tägliche Arbeits- und Freizeitgestaltung der Menschen mehr als Witterungsfaktoren wie Temperatur, Regen, Wind oder Schnee. Auch ökonomisch gesehen ist das Wetter ein nicht zu unterschätzender Faktor, der starken Einfluss nicht nur auf die Landwirtschaft, sondern z. B auch auf die Tourismus- und Freizeitindustrie hat.

**Vom Wetter unterscheiden** müssen wir das Klima, obwohl beide fälschlicherweise oft in einen Topf geworfen werden. Während Meteorologen unter Wetter den Zustand der Atmosphäre mit all ihren Begleiterscheinungen wie Luftdruck, Temperatur, Feuchtigkeit, Wind usw. zu einem bestimmten Zeitpunkt an einem bestimmten Ort verstehen, muss man den Begriff Klima unter längerfristigen Gesichtspunkten betrachten.

**Während das Wetter** täglich wechseln kann, definiert sich Klima laut Lexikon als die Gesamtheit aller meteorologischen Erscheinungen, die den durchschnittlichen Zustand der Atmosphäre an einem bestimmten Ort auf der Welt kennzeichnen. Einfacher ausgedrückt: Unter Klima versteht man eine Art langfristiges Durchschnittswetter für eine Region. Nach Ansicht vieler Klimaforscher sind sogar Aufzeichnungen über mindestens 30 Jahre erforderlich, damit man überhaupt von Klima sprechen kann.

**Im Augenblick erleben wir** einen Klimawandel. Nie zuvor hat sich unser Klima so schnell verändert wie in den vergangenen 100 Jahren. Und für diese Veränderungen ist zu einem großen Teil der Mensch verantwortlich. Als Folge der fortschreitenden Industrialisierung mit all ihren Begleiterscheinungen und der damit verbundenen Entstehung so genannter Treibhausgase wurde die Atmosphäre unnatürlich aufgeheizt, und die Durchschnittstemperatur stieg weltweit signifikant an.

**Sollte sich diese globale Erwärmung** weiter fortsetzen, könnte dies schon in naher Zukunft unangenehme Auswirkungen haben: So würden z. B. die eisigen Polkappen der Erde schmelzen, was zu einem deutlichen Anstieg des Meeresspiegels führen würde. Dadurch wiederum würden viele Küstengebiete auf der Welt großflächig überschwemmt werden.

Beeinflusst wird das Klima von den so genannten Klimafaktoren wie der geographischen Breite, der Höhenlage oder der Ausbildung der Vegetation.

## [Warm und kalt]

Die tiefste Temperatur auf der Erde wurde 1983 in der Nähe der sowjetischen Antarktisstation »Wostok« gemessen: 88,3 °C unter Null.

Das in Sibirien gelegene Dorf Oimjakon ist der kälteste bewohnte Ort der Welt. –60 °C gehört hier zum Alltag, –45 °C werden bereits als Wärmeeinbruch bezeichnet. Absoluter Minusrekord waren unglaubliche –77,8 °C.

Die höchste Temperatur auf Erden wurde 1922 im nordlybischen Al'Aziziyah mit 57,7 °C gemessen. Zuvor war das berüchtigte Death Valley im Süden der USA mit exakt 56,7 °C Weltrekordhalter. Den europäischen Hitzerekord hält die andalusische Stadt Sevilla mit 50 °C.

## [Feucht und trocken]

Der meiste Regen fällt in Kamerun, im Indischen Bengalen und auf Hawaii. Besonders trocken dagegen ist es in der chilenischen Atacama-Wüste. Hier ist in einigen Gebieten schon seit vielen Jahren kein Regen mehr gefallen.

| | | |
|---|---|---|
| Größte Niederschlagsmenge in einem Jahr | 26.461 l/m² | Cherrapunji, Indien |
| Größte Niederschlagsmenge an einem Tag | 1870 l/m² | Cilaos, Reunion |
| Größte Niederschlagsmenge in einer Stunde | 305 l/m² | Holt, USA |
| Größter mittlerer Jahresniederschlag | 10.287 l/m² | Debundscha, Kamerun |
| Geringster mittlerer Jahresniederschlag | 0,7 l/m² | Quillagua, Chile |
| Die meisten Regentage | 325 | Campbell Island, Ozeanien |

## [Regen, Hagel, Schnee]

Wie schwer das größte Hagelkorn aller Zeiten war, ist umstritten. Laut Guinness-Buch der Rekorde war es rund 1 kg schwer und fiel 1988 während eines Unwetters in Bangladesch. Andere Quellen betrachten ein rund 1900 g schweres Hagelkorn, das über Kasachstan herunterging, als Rekordhalter.

Die größte Schneeflocke aller Zeiten hatte einen Durchmesser von 12 cm. Meist sind Schneeflocken nur etwa 5 mm groß.

Die größte Neuschneemenge an 1 Tag fiel am 14. April 1921 im Norden Colorados: 1,93 m.

## [Blitz und Donner]

Der längste bisher gemessene Blitz hatte eine Länge von 140 km. Es war ein so genannter horizontaler Blitz, der von einem Satelliten der NASA beobachtet wurde. Normalerweise sind vertikale Blitze etwa 5 und horizontale Blitze etwa 15 km lang.

Das Empire State Building in New York ist mit rund 500 Blitzeinschlägen jährlich das am häufigsten vom Blitz getroffene Gebäude der Welt.

Am häufigsten im Jahr, nämlich im Schnitt 158-mal pro Quadratkilometer, blitzt es im Dorf Kifuka im Osten der Demokratischen Republik Kongo. Zum Vergleich: In München zucken gerade mal 2 Blitze pro Quadratkilometer und Jahr über den Himmel.

## [Stürmisch]

Die größte Windgeschwindigkeit wurde 1934 mit 372 km/h am Mount Washington im US-Bundesstaat New Hampshire gemessen.

Die meisten Tornados innerhalb von 24 Stunden, nämlich 148, wurden 1974 im mittleren Westen der USA registriert.

## Was ist ein Elmsfeuer?

Als Elmsfeuer bezeichnet man bläulich flackernde Lichter, die scheinbar aus dem Nichts an Schiffsmasten, Kirchturmspitzen oder gar den Gipfelkreuzen von Bergen oft minutenlang aufleuchten und so eine unheimliche Atmosphäre verbreiten. Mit Geistern oder gar dem Teufel, wie man früher glaubte, hat dieses Leuchtphänomen jedoch überhaupt nichts zu tun. Rein physikalisch gesehen handelt es sich beim Elmsfeuer um andauernde elektrische Entladungen, die bedingt durch das hohe luftelektrische Feld unmittelbar vor und während eines Gewitters an hohen, spitzen Objek-

ten auftreten. Da das flackernde Licht besonders häufig auf Segelschiffen am Mast und den Enden der Rahen zu beobachten war, wurde es nach dem Schutzpatron der Seefahrer, dem heiligen Erasmus (ital.: St. Elmo), benannt.

## Warum sorgte ein Flugverbot für wärmere Tage in den USA?

Das Flugverbot, das in den USA nach den Anschlägen des 11. Septembers herrschte, ließ in den USA für einen kurzen Zeitraum die Tage wärmer und die Nächte kälter werden. Ursache war das völlige Fehlen von Kondensstreifen am Himmel. Kondensstreifen entstehen, wenn der Wasserdampf der Luft an den feinen Rußpartikeln kondensiert, die von den Düsentriebwerken der Flugzeuge ausgestoßen werden. Die Kondensstreifen, die sich häufig in feine Schleierwolken verwandeln, wirken wie eine Isolierschicht, die die Wärme der Sonne ins All zurückreflektiert, was für die Erde tagsüber kühlend wird. Andererseits lassen sie aber auch die Wärme der Erde nachts nicht nach oben entweichen, was die Erwärmung fördert.

# Quiz für Schnelldenker

**1 Welcher amerikanische Politiker erfand den Blitzableiter?**
a) George Washington
b) Thomas Jefferson
c) Benjamin Franklin

**2 Welche Temperaturen herrschten im Mittelalter?**
a) Es war deutlich wärmer als heute.
b) Es war deutlich kälter als heute.
c) Die Temperaturen waren in etwa gleich.

**3 In welcher Großstadt erfroren über 400 Menschen bei einem Schneesturm?**
a) Moskau
b) London
c) New York

---

**3** Der Blizzard vom 12. März 1888 war der verheerendste Schneesturm, der die Vereinigten Staaten jemals heimgesucht hat. Ein plötzlicher Temperaturturz auf – 15 °C, Schneehöhen von bis zu 2 m und hohe Windgeschwindigkeiten brachten das Leben in den Städten der Ostküste völlig zum Erliegen. Wasser- und Gasrohre brachen, Telegrafen- und Telephonleitungen wurden zerstört. Die Region war völlig von der Außenwelt abgeschnitten, und allein in der Millionenstadt New York kamen über 400 Menschen ums Leben.

**2** Im Mittelalter zwischen 800 und 1300 n. Chr. war es weltweit deutlich wärmer als heute. Im so genannten Mittelalterlichen Klimaoptimum lagen die Temperaturen im Jahresdurchschnitt in Mitteleuropa etwa um 2 °C höher als heute. Dies hatte zur Folge, dass in Deutschland Temperaturen wie heute in der Toskana herrschten und in England der Weinbau florierte. Die Wikinger besiedelten Grönland, das damals noch tatsächlich, wie es der Name der Insel besagt, zumindest teilweise grün war, und bauten dort sogar Getreide an.

**1** Der Blitzableiter wurde von Benjamin Franklin im Jahre 1752 erfunden. Er untersuchte mit Hilfe von Drachen die Gewitterelektrizität und entwickelte dabei ein Gerät, das die Spannung des Blitzes in die Erde ableitet, ohne dass betroffene Häuser zu Schaden kommen. Seine Erfindung nannte er folgerichtig Blitzableiter. Der Französische Blitzableiter hatte es allerdings schwer, sich durchzusetzen, da er als unerlaubter Eingriff in die Rechte Gottes galt. Es dauerte fast 20 Jahre, bevor dieser nützliche Blitzschutz üblich wurde.

### Grönland wird in 1000 Jahren grün sein

Eine Computersimulation britischer Forscher brachte es an den Tag: In 1000 Jahren wird Grönland, die größte Insel der Welt, ihren Eispanzer verlieren und selbst in den inneren Regionen wieder grün werden. Im Augenblick sind 84 % der im Nordatlantik gelegenen Insel von einer bis zu 3 km mächtigen Eisschicht bedeckt. Die Computersimulation zeigte, dass die Zunahme der Treibhausgase in der Atmosphäre und die dadurch verursachte globale Erwärmung zum Abschmelzen des Grönlandeises führen. So genügt nach Ansicht der Wissenschaftler bereits ein globaler Temperaturanstieg von weniger als 3 °C, um die gigantische Insel in einem überschaubaren Zeitabschnitt vollständig ergrünen zu lassen.

### Regen lässt sich auch mit dem Flugzeug erzeugen

Muss man das Wetter wirklich so nehmen, wie es kommt? Nein, denn dank der modernen Wissenschaft lässt sich das Wetter heute zumindest lokal verändern. Was den oft vergeblich tanzenden Medizinmännern der Prärieindianer meist nicht gelang, schaffen moderne Regenmacher mit Hilfe von Flugzeugen: Sie können (künstlich) Regen erzeugen. Vom Flugzeug aus werden die ja bekanntermaßen aus Wasserdampf bestehenden Wolken mit Eiskristallen »geimpft«. Durch diesen Vorgang wird der Wasserdampf so weit abgekühlt, dass er zu Wassertropfen kondensiert. Die Folge: Es regnet. Einen ähnlichen Effekt erreicht man auch mit der Chemikalie Silberjodid. Die gezielte Regenerzeugung per Flugzeug wird mittlerweile seit 40 Jahren erfolgreich angewandt. Allein in den USA liefern 15 »Regenmacher«-Firmen Regen auf Bestellung. Allerdings ist dieses Verfahren nicht ganz billig.

[die Spezialisten]

## Mit Hilfe von Fichtenzapfen kann man das Wetter vorhersagen

Wer zu Hause einen Fichtenzapfen aufhängt, ist im Besitz einer gut funktionierenden »Naturwetterstation«, denn wie bereits unsere Vorfahren wussten, sind Fichtenzapfen ganz vorzügliche Wetterpropheten. Wenn schlechtes Wetter im Anmarsch ist, schließen die Zapfen ihre Schuppen, steht gutes Wetter bevor, öffnen sie ihren Schuppenpanzer. Das wetterfühlige Verhalten der Fichtenzapfen hat einen einfachen Grund: Unter den Schuppen der Zapfen sitzen die Samen der Fichte, und die sollen, bis sie reif sind, um jeden Preis vor Feuchtigkeit geschützt werden. Und weil so ein Fichtenzapfen nicht gerade der schnellste ist und eine gewisse Zeit benötigt, um sein Schuppenkleid wasserdicht zu machen, beginnt er schon lange vor Regenbeginn damit, seine Schuppen zu schließen.

## »Hurricane hunter« – einer der gefährlichsten Berufe der Welt

Die korrekte Vorhersage von Hurrikans ist in den gefährdeten Regionen der USA absolut lebensnotwendig. Aber nur im Zentrum eines Hurrikans können Stärke und Richtung der tropischen Wirbelstürme zuverlässig gemessen werden. Genau das ist die lebensgefährliche Aufgabe der »hurricane hunters«, die mit speziellen Messflugzeugen der US-Air Force in das Auge des Sturms fliegen. Jeder Einsatz der Hurrikan-Jäger ist sehr riskant, da die Piloten oft mit Windgeschwindigkeiten von über 200 km/h, schwersten Turbulenzen und einer Sicht, die gegen Null geht, zu kämpfen haben. Mit den im Zentrum des Sturms gewonnenen Daten wird ein Supercomputer gefüttert, der dann die Zugbahn des Hurrikans genau berechnet. So konnten z. B. 1999, als der berüchtigte Hurrikan Floyd auf die Küste der USA zuraste, die betroffenen Gebiete dank der »hurricane hunter« rechtzeitig evakuiert werden.

## Bauernregeln sind meteorologisch gesehen finsterer Aberglaube

Während einige Bauernregel tatsächlich purer Aberglaube sind, beruhen andere auf sehr präzisen naturwissenschaftliche Beobachtungen. Bauern waren schließlich schon immer mehr als andere vom Wetter abhängig und haben deshalb auch genauer hingesehen. Dabei fielen ihnen gewisse Regelmäßigkeiten in den Wetterabläufen auf. So basieren die Bauernregeln auf oft über viele, viele Jahre hinweg gesammelten Beobachtungen, die dann oft in Reimen festgehalten wurden. Die bekannteste Bauernregel ist wohl die des Siebenschläfertages »Regnet es am Siebenschläfertag, der Regen 7 Wochen nicht weichen mag.« Allerdings gibt es regionale Unterschiede: Untersuchungen von Meteorologen ergaben jetzt, dass diese Regel in Berlin mit einer Wahrscheinlichkeit von 69 % zutrifft und in München die Trefferwahrscheinlichkeit sogar bei 80 % liegt. In Hamburg dagegen tritt diese Voraussage dagegen eher selten ein.

## Die nächste Eiszeit kommt bestimmt

Die Erdgeschichte verzeichnete stets einen Wechsel zwischen Warm- und Eiszeiten. Die genaue Dauer dieser Phasen konnte nun mit Hilfe einer 2500 m tiefen Bohrung im Inlandeis der Antarktis bestimmt werden, da man anhand der geschichteten Bohrkerne in der Lage war, die Klimageschichte der letzten 740.000 Jahre zu rekonstruieren. Noch in den 1980er-Jahren glaubten viele Wissenschaftler, die nächste Eiszeit stehe bald bevor, da die augenblickliche Warmzeit mit über 12.000 Jahren im Vergleich zu früheren Kälteperioden doch schon außergewöhnlich lange andauert. Heute dagegen sind die meisten Klimaforscher der Ansicht, dass die nächste Eiszeit wahrscheinlich ausfällt oder zumindest verschoben wird, da die durch die Menschen verursachte globale Erwärmung eine neue Eiszeit verhindern könnte.

## Die biblische Sintflut fand (wahrscheinlich) tatsächlich statt

Nach Ansicht der amerikanischen Geologen William Ryan und Walter Pitman hat die in der Bibel beschriebene Sintflut am Bosporus stattgefunden. Die Forscher glauben, dass nach dem Ende der letzten Eiszeit durch die Gletscherschmelze der Wasserspiegel der Weltmeere beträchtlich angestieg. Das Schwarze Meer, damals noch ein Süßwassersee, war durch einen natürlichen Damm vom Mittelmeer getrennt. Der Druck des Mittelmeeres nahm immer mehr zu, bis der Damm zum Einsturz gebracht wurde und sich eine gewaltige Flutwelle durch den heutigen Bosporus in das rund 150 m tiefer gelegene Becken des einstigen Süßwassersees ergoss – rund 100.000 km² Land wurden unter den Fluten begraben. Ihre Theorie gründen die Forscher auf den Fund von Süßwassermuscheln, die sie im Sand 120 m unter der Meeresoberfläche entdeckten, während in der darüber liegenden Schlammschicht Meeresmollusken zu finden waren. Altersanalysen ergaben, dass die jüngsten Süßwasserformen 7460, die ältesten Salzwasserformen 6820 Jahre alt waren. Die Sintflut dürfte also vor rund 7550 Jahren stattgefunden haben.

# Können Hagelkörner Menschen erschlagen?

Die Aufschlaggeschwindigkeit eines Hagelkorns hängt stark von seiner Größe ab: Während ein Hagelkorn mit einem Durchmesser von 1 cm gerade mal eine Geschwindigkeit von rund 50 km/h erreicht, werden Hagelkörner von der Größe eines Tennisballs auf Spitzengeschwindigkeiten von über 150 km/h und mehr beschleunigt. Und diese Kombination aus Gewicht und Geschwindigkeit reicht aus, um einen Menschen zu erschlagen. Deshalb fordern außergewöhnlich heftige Hagelschauer mit gefährlich großen Körnern auch immer wieder Todesopfer. Beispiele gibt es genug: So sollen bereits 1359 im französischen Chartres Hagelkörner 1000 Soldaten und 6000 Pferde aus dem Heer des englischen Königs Eudard III. erschlagen haben. 1888 zertrümmerten Hagelkörner von der Größe von Apfelsinen in Moradabad, Indien, nicht nur eine ganze Stadt; auch 230 Menschen wurden auf den Feldern getötet. Und im regenreichen Bangladesch wurden im April 1968 mehr als 80 Menschen von bis zu 1 kg schweren Hagelkörnern erschlagen.

# Was kostet ein Gewitter?

Eine Versicherungsgesellschaft hat es ausgerechnet: Im Schnitt verursacht ein heftiges Sommergewitter von etwa 1 Stunde Dauer (Windböen bis 50 km/h, 20 l Regen /m², 40 Blitze, 3 Minuten Hagel) in einer mittleren Großstadt Schäden in Höhe von etwa 300.000 Euro. Da es bei einer Frontgewitterlage in Deutschland zu etwa 80 solcher »Durchschnittsgewitter« kommt, kostet ein einziger Gewittertag bundesweit rund 24 Millionen Euro. Den Löwenanteil machen leichte PKW- sowie Überspannungsschäden aus. Die Kosten haben überwiegend die Versicherungen zu tragen. Es gibt allerdings auch »Profiteure« von Gewittern: in erster Linie PKW-Dellendienste, Handwerker und Baumärkte.

# Quiz für Schnelldenker

**1 Wie viele Menschen werden jährlich vom Blitz
erschlagen?**
a) 1000
b) 10.000
c) 100.000

**2 Welche Geschwindigkeit erreicht ein Blitz?**
a) 9600 km/sec
b) 96.000 km/sec
c) 960.000 km/sec

**3 Wie groß ist das Ozonloch?**
a) so groß wie Deutschland
b) so groß wie Europa
c) so groß wie Nordamerika

---

**3** Die Ausdünnung der Ozonschicht wird heute mit Hilfe von Satelliten ständig überwacht. Dabei hat man festgestellt, dass das Ozonloch über der Antarktis zur Zeit mit einer Größe von 26 Millionen km² etwa so groß wie Nordamerika ist. Die Zerstörung der Ozonschicht ist deshalb so gefährlich, weil dadurch vermehrt ultraviolettes Licht auf die Erdoberfläche trifft, was bei Menschen zu schweren Hautschäden bis hin zum Hautkrebs führen kann. Verantwortlich für den Ozonabbau sind nach Ansicht der meisten Wissenschaftler größtenteils menschliche Einflüsse, z. B. der vermehrte Ausstoß von Ozonkillern wie chlorierten Kohlenwasserstoffen.

**2** »Schnell wie der Blitz« – so bezeichnen wir umgangssprachlich gerne eine besonders hohe Geschwindigkeit. Aber wie schnell ist ein Blitz eigentlich tatsächlich? Nun, auf Lichtgeschwindigkeit, die ja bekanntermaßen bei 300.000 km/sec liegt, kommt ein Blitz nicht ganz. Mit seiner Geschwindigkeit von 96.000 km/h könnte ein Blitz aber immerhin innerhalb 1 Sekunde 2-mal die Erde umrunden. Auch die Temperaturen, die ein Blitz erreichen kann, haben es in sich. So lag die bislang höchste bei einem Blitz gemessene Temperatur bei rund 30.000 °C. Der Blitz war damit mehr als 4-mal so heiß, wie die Oberfläche der Sonne.

**1** Wer direkt von einem Blitz getroffen wird, hat nur geringe Überlebenschancen. Weltweit werden jedes Jahr mehr als 1000 Menschen von einem Blitz erschlagen. In Deutschland gibt es, vom Statistischen Bundesamt peinlich genau registriert, jährlich bis zu 10 durch Blitzschlag verursachte Todesfälle. Damit ist die Wahrscheinlichkeit, vom Blitz erschlagen zu werden, deutlich geringer als 6 Richtige im Lotto zu tippen. Auf der anderen Seite gilt es zu bedenken, dass laut Statistik in den USA mehr Golfspieler vom Blitz erschlagen als Badende von einem Hai verspeist werden.

## In den Alpen wird heute Schnee in 10 verschiedenen Sorten hergestellt

In früheren Wintern war Schneemangel in den Alpen nun wirklich kein Thema, gab es doch fast immer genug von der weißen Pracht, um eine ganze Skisaison bestreiten zu können. In Zeiten der globalen Erwärmung und der gestiegenen Ansprüche der Wintersporturlauber müssen die Fremdenverkehrsvereine und die Betreiber von Skiliften ihren Schnee dagegen oft selbst produzieren. Und die computergesteuerten High-Tech-Schneekanonen liefern sogar bis zu 10 verschiedene »Schneesorten« je nach Wunsch – von Pulverschnee bis zu pappig-festem Schnee. Umweltschützer beklagen allerdings, dass der Kunstschnee, bedingt durch seine spezielle Struktur, wesentlich länger liegen bleibt als natürlicher Schnee und so der Beginn des Pflanzenwachstums im Frühjahr entscheidend verzögert wird.

## In der Stadt regnet es mehr als auf dem Land

Eine Studie der NASA beweist es: Städter müssen ihren Regenschirm häufiger auspacken als die Landbevölkerung. Am Beispiel der amerikanischen Metropole Houston konnte gezeigt werden, dass es in Städten etwa ein Drittel mehr regnet als in ihrer ländlichen Umgebung. Verantwortlich für dieses Phänomen ist die großflächige Versiegelung der Städte durch Straßen und Häuser, die die Luft über den Städten stark aufheizt und nach oben treibt. Kühlt die Luft dann an der Grenze zur Stratosphäre plötzlich ab, entstehen Regen und Gewitter. So können besonders große Städte ihren eigenen Regen machen und werden vermutlich in der Zukunft eine wichtige Rolle im lokalen Klimageschehen spielen.

## Schafe und Kühe beeinflussen das Klima in Neuseeland

Wenn die insgesamt 45 Millionen Schafe und 8 Millionen Rinder, die in Neuseeland auf der Weide stehen, rülpsen oder sich mit Blähungen Luft verschaffen, tragen sie zum gefürchteten Treibhauseffekt bei. Denn die Rülpser und Pupser der Wiederkäuer enthalten das Treibhausgas Methan, das für die Erwärmung der Erdatmosphäre mitverantwortlich ist. Das Methan wird im Pansen der Schafe und Kühe gebildet, wenn Pflanzenfasern durch spezielle Magenbakterien der Tiere in ihre Bestandteile zerlegt werden. Ein einziges Schaf produziert bis zu 20 g Methan pro Tag. Das macht 7 kg pro Jahr. Ein Rind produziert jährlich sogar 114 kg Methangas. So ist es kein Wunder, dass

43 % der in Neuseeland produzierten Treibhausgase bei den Verdauungsvorgängen der Nutztiere entstehen. Durch spezielle Futterzusätze wollen Wissenschaftler jetzt den Methanausstoß der Tiere reduzieren, um so im wahrsten Sinne des Wortes ein besseres Klima zu schaffen.

## Plankton kann das Wetter ändern

Wenn es dem Plankton in der Sargasso-See zu heiß wird, dann ändert es einfach das Wetter. Das haben jetzt amerikanische Forscher herausgefunden. Das Plankton setzt dazu in einem komplexen Mechanismus eine schwefelhaltige Substanz namens DMSP frei, die im Wasser von Bakterien in den wasserunlöslichen Stoff DMS umgewandelt wird. Das DMS sammelt sich dann an der Wasseroberfläche, gelangt als Gas in die Luft und wird dort vom Sonnenlicht zu Sulfat zersetzt. Die Sulfat-Schwebeteilchen wiederum ziehen Luftfeuchtigkeit an und dienen somit als Wolkenkeime. Dadurch kommt es zu einer Wolkenbildung am Himmel, die das Plankton vor allzu viel schädlichem UV-Licht schützt. Dieser geniale Sonnenschutz funktioniert auch noch außergewöhnlich schnell: Die DMS-Moleküle erneuern sich innerhalb von 3 Tagen – so kann das Plankton immer sein eigenes Wetter machen.

# Berge, Mineralien, Bodenschätze

Obwohl sie als Symbole für Beständigkeit und Unveränderlichkeit gelten, sind Berge nicht schon immer da gewesen. Seit etwa 30 Jahren wissen wir, dass Gebirge in der Regel als indirekte Folge der ständigen Bewegungen der riesigen Kontinentalplatten in der Erdkruste entstehen. Treffen zwei dieser Platten aufeinander, so werden an der »Knautschzone« im Laufe von vielen Millionen Jahren Berge bzw. Gebirge regelrecht aufgefaltet. So kam es zur Bildung großer Gebirgszüge wie des

Himalaya, der Anden oder der Alpen. Mit zunehmendem geologischen Alter nagen dann allerdings Wind und Erosion an den Gipfeln, und die Berge werden ganz allmählich wieder niedriger. So wird im Laufe der Zeit auch das schroffste und steilste Hochgebirge zu einem sanfthügligen Mittelgebirge reduziert.

**Gebirge bedecken etwa ein Drittel** der Erdoberfläche und sind ein wichtiger Lebensraum für viele Tiere und Pflanzen. Auch etwa 10 % der Erdbevölkerung leben hier.

Aufgebaut sind die Gebirge aus Gesteinen, deren Hauptbestandteil wiederum Mineralien sind. Deshalb werden die häufigsten der über 4000 bekannten Minerale auch als Gesteinsbildner bezeichnet. Insgesamt bestehen mehr als 90 % der Erdoberfläche aus Silikatmineralen wie z. B. Feldspat oder Quarz.

**Auf Steine als Werkzeug oder Baumaterial** waren die Menschen seit der Benutzung des ersten Faustkeils angewiesen. Aber Steine haben nicht nur einen praktischen Nutzen, sondern einige von ihnen, z. B. Diamanten, Rubine oder Saphire, zieren auch als wertvolle Schmucksteine den Hals oder den Finger so mancher Dame.

Neben den Edelsteinen gibt es unter der Erde freilich noch weitere Kostbarkeiten bzw. Bodenschätze zu entdecken, die in erster Linie wichtige Wirtschaftsfaktoren sind. So dient das unter Tage gewonnene Eisenerz vorwiegend der Stahlherstellung, und auch die Edelmetalle Gold, Silber und Platin finden nicht nur als Zahlungsmittel bzw. Währungsreserve oder Schmuck Verwendung, sondern spielen auch in der Industrie eine wichtige Rolle. Während die Kohlevorkommen an Bedeutung verloren haben, ist Erdöl heute der wichtigste Rohstoff der modernen Industriegesellschaft.

Die größten Kristalle der Welt wurden in der mexikanischen Naica-Mine gefunden. Die gigantischen Gipskristallnadeln sind mehr als 15 m lang und haben einen Durchmesser von über 1 m.

## [Goldfieber]

Der größten Goldklumpen der Welt wurde 1858 in Australien gefunden. Der Riesennugget mit dem Namen »Welcome« ist 55 × 20 × 25 cm groß, bei einem Gewicht von 68,045 kg. Bei einem Feinunzenpreis von 500 US-Dollar (2005) wäre der Nugget somit über 1 Million US-Dollar wert.

Die profitabelste Goldmine der Welt ist die 3000 m hoch in den peruanischen Anden gelegene Yanacocha-Mine. In der Mine, die einem US-amerikanischen Konzern gehört, werden jährlich 82.000 kg Gold gefördert.

Das meiste Gold liegt in Südafrika. Hier werden jährlich 524 Tonnen des begehrten Edelmetalls gefördert. Insgesamt lagern rund 50 % der derzeit bekannten Weltvorräte an Gold im Land am Kap der guten Hoffnung.

Die tiefste Goldmine ist Mponeng-Mine in Südafrika. Hier wird in bis zu 3500 m Tiefe nach Gold geschürft. Das Gestein hat in dieser Tiefe eine Temperatur von über 80 °C. Nur ein ausgeklügeltes Kühlsystem macht es möglich, unter solchen Voraussetzungen zu arbeiten.

## [Unvergängliche Diamanten]

Der teuerste Diamant, der je zum Verkauf angeboten wurde, war der walnussgroße »Star of the Season«. Er hat ein Gewicht von 100,1 Karat und wurde 1995 beim englischen Auktionshaus Sotheby's für 16,5 Millionen US-Dollar versteigert.

Der größte Diamantenraub der Geschichte fand am 2003 im Antwerpener Diamantenviertel statt. Dort konnten italienische Diebe aus einem Hochsicherheitstrakt Diamanten im Wert von 75 Millionen Euro erbeuten.

## [Schwarzes Gold]

Der größte Produzent von Erdöl ist Saudi-Arabien mit 500 Millionen Tonnen jährlich, das sind 22 % des weltweit geförderten Öls. Auch die größten Erdölreserven der Welt liegen mit etwa 36 Milliarden Tonnen in Saudi-Arabien.

Das meiste Öl verbrauchen die USA. Von den 84 Millionen Barrel, die täglich weltweit verbraucht werden, benötigen die USA allein rund 20. Auch der Pro-Kopf-Verbrauch liegt in den USA deutlich höher als in allen anderen Ländern. So lag der Verbrauch in den USA 2003 bei 26,0 Barrel pro Einwohner, während z. B. im bevölkerungsreichsten Land China statistisch gesehen auf jeden Einwohner lediglich 1,7 Barrel Öl kamen.

Exxon Mobil ist derzeit (2005) nicht nur die größte Ölfirma, sondern auch das größte Unternehmen der Welt. Der Umsatz des Unternehmens betrug 2004 rund 400 Milliarden US-Dollar. Das entspricht dem Bruttoinlandsprodukt von Österreich.

## [Die höchsten Berge]

Die höchsten Berge der Welt befinden sich im Himalaya. Allein 10 der 14 Achttausender liegen im höchsten Gebirge der Welt. Und auch die weit über 100 Siebentausender sind exklusiv auf dem asiatischen Kontinent anzutreffen. Der höchste Berg der Alpen, der Mont Blanc, erreicht da nur vergleichsweise bescheidene 4810 m, und der höchste Berg Deutschlands, die Zugspitze, ist gar nur 2963 m hoch.

| Kontinent | höchster Berg | Land | Höhe |
|---|---|---|---|
| Asien | Mount Everest | Nepal/Tibet | 8848 m |
| Südamerika | Aconcagua | Argentinien/Chile | 6960 m |
| Nordamerika | Mount McKinley | USA | 6194 m |
| Afrika | Kilimandscharo | Tansania | 5895 m |
| Europa | Elbrus | Russland | 5633 m |
| Australien | Mount Kosciusko | Australien | 2228 m |

## Was sind »Popcorn-Steine«?

Regelrechte Geo-Knallkörper haben amerikanische Geologen vor der mexikanischen Küste entdeckt: Als die Forscher Gesteinsbrocken, Reste eines Vulkanschlots, aus 3200 m Tiefe an die Meeresoberfläche holten, zerplatzten diese mit lautem Knall. Die Ursache für die Explosion ist im Inneren der Steine zu finden. Hier sind in Blasen nämlich vulkanische Gase eingeschlossen. Und wenn der auf dem Gestein lastende gewaltige Wasserdruck nachlässt, bringt der Überdruck der Gase die Steine natürlich zum Platzen – ähnlich wie das bei der Herstellung von Popcorn zu beobachten ist. Die Fundstelle der explosiven Steine, ein unterseeischer Tiefseebergrücken, wurde von den Forschern dann auch entsprechend »Popcorn-Ridge« getauft.

## Warum bröckeln durch die Klimaerwärmung sogar Berge?

Offensichtlich haben nicht nur die Gletscher der Alpen unter der globalen Erwärmung zu leiden. Scheinbar macht die Hitze auch den Bergen selbst schwer zu schaffen. So sind in jüngerer Vergangenheit mehrere große Felsformationen in den Alpen einfach zusammengefallen. Wissenschaftler der Universität von Dundee haben herausgefunden, wo die Ursachen liegen:

Felsen, in denen die Temperaturen das ganze Jahr unter dem Gefrierpunkt liegen, sind äußerst stabil, da das Eis in den Ritzen und Spalten das Gestein ähnlich wie Klebstoff zusammenhält. Taut das Eis in extrem heißen Sommern wie z. B. dem »Supersommer« 2003 jedoch auf, geht diese Klebwirkung und die damit verbundene Stabilität verloren und es kann zu massiven Bergeinstürzen gerade an schmalen Felsnadeln kommen.

# Quiz für Schnelldenker

**1 Warum wurde der fast 7000 m hohe Berg Machapuchare niemals bestiegen?**
a) Weil es zu schwierig ist.
b) Weil es verboten ist.
c) Weil er erst vor wenigen Jahren entdeckt wurde.

**2 Welcher Edelstein kommt weltweit nur an einer Fundstelle vor?**
a) Topas
b) Tansanit
c) Citrin

**3 Welcher Stein ist nicht mineralischen Ursprungs?**
a) Mondstein
b) Bernstein
c) Feueropal

**3** Bernstein ist organischen und nicht mineralischen Ursprungs. Es handelt sich bei dem gelben Schmuckstein um erhärtetes fossiles Harz, das als natürlicher Harzausfluss von Nadelhölzern vor vielen Millionen Jahren entstand. Das Hauptvorkommen des Bernsteins liegt an der Ostsee. Es bildete sich vor rund 30 Millionen Jahren, als das Ostseeküstengebiet noch von subtropischen Wäldern bedeckt war. Hier wuchs die »Bernsteinkiefer«, die das Harz für den so genannten Baltischen Bernstein lieferte. Heute findet man den begehrten Schmuckstein, in dem oft kleine Tiere oder Pflanzenteile eingeschlossen sind, in beträchtlicher Menge an der Ostseeküste.

**2** Der purpur-bläulich leuchtende Tansanit ist ein außergewöhnlicher Edelstein, denn er kommt weltweit nur an einer einzigen Fundstelle vor, und zwar am Fuße des Kilimandscharo in den Miralani Hills bei Arusha in Tansania. Seinen Namen erhielt der erst 1967 entdeckte und durch seine exklusive Herkunft und außergewöhnliche Ausstrahlung sehr begehrte Edelstein vom Direktor des weltbekannten New Yorker Juwelierunternehmens Tiffany & Co., Henry B. Platt, der ihn nach seinem Herkunftsland taufte. Die Ursache für das leuchtende Blau des Tansanits konnte von den Wissenschaftlern noch nicht restlos entschlüsselt werden.

**1** Der 6997 m hohe Machapuchare, der wegen seines charakteristischen Doppelgipfels auch gerne »Fischschwanz« genannt wird, gehört zum gewaltigen Annapurna-Massiv im Norden Nepals. Da dieser Berg sowohl den Hindus als auch den Buddhisten als heilig gilt, weil hier nach ihrem Glauben verschiedene Götter leben, hat die nepalesische Regierung – zum unendlichen Bedauern vieler Bergsteiger – für den Machapuchare ein generelles Besteigungsverbot erlassen.

### Auf dem höchsten Berg der Welt kann man versteinerte Tintenfische finden

Eine Besteigung des Mount Everest ist sicherlich der Traum jedes Bergsteigers. Aber auch Paläontologen kämen knapp unterhalb des Gipfels des höchsten Berges der Welt auf ihre Kosten, denn dort gibt es verblüffenderweise Ammoniten und andere versteinerte Meerestiere. Zur Erklärung dieses Phänomens muss man eigentlich nur 60 Millionen Jahre zurückgehen: Damals war der indische Subkontinent noch durch das Tetys-Meer von der asiatischen Landmasse getrennt. Als sich dann vor 50 Millionen Jahren die indische Kontinentalplatte mit einer Geschwindigkeit von rund 3 cm pro Jahr in den asiatischen Kontinent bohrte und dabei das gewaltige Himalaya-Massiv entstand (siehe S. 101), wurde der Boden des Tetys-Meeres ein gewaltiges Stück nach oben geschoben. Deshalb kann man heute in rund 8000 m Höhe im so genannten Gelben Band Reste des Tetys-Meeresbodens mit allerlei versteinertem Meeresgetier finden.

### Im Rhein kann man Gold finden

Man muss nicht unbedingt den sagenumwobenen Schatz der Nibelungen entdecken, den der Schurke Hagen von Tronje nach der Ermordung Siegfrieds einst im Rhein versenkt haben soll, um in Deutschlands größtem Strom Gold zu finden. Auch in den Flusssanden des Rheins ist das begehrte Edelmetall enthalten. Schon Römer und Kelten suchten an Hoch- und Oberrhein nach Gold. Die Blütezeit der Goldwäsche war jedoch im 18. und 19. Jahrhundert. Da die Goldpartikel am Oberrhein lediglich etwa 0,5 mm groß sind, benötigte man allerdings rund 200.000 dieser »Mininuggets«, um nur ein einziges Gramm Gold auf die Waage zu bringen. Unter diesen Voraussetzungen konnte man am Rhein mit Goldwaschen natürlich nicht reich werden, sondern sich bestenfalls ein kleines Zubrot verdienen. Trotzdem ist das Goldfieber am Rhein ungebrochen, auch wenn es heute meist Touristen sind, die unter fachkundiger Anleitung versuchen, im Rheinsand ein paar Goldpartikel zu ergattern.

## Bakterien können große Höhlen in Felsen fressen

Für die Entstehung der großen Lower-Cane-Höhle im US-Bundesstaat Wyoming sind nach Ansicht von amerikanischen Wissenschaftlern Bakterien verantwortlich. Bei den kleinen Baumeistern handelt es sich um so genannte Schwefelbakterien, die als Abfallprodukt ihres Stoffwechsels Schwefelsäure produzieren. Die entstandene Säure reagiert dann mit dem Kalkgestein der Felsen zu Gips. Gips, wissenschaftlich auch als Kalziumkarbonat bezeichnet, ist jedoch wasserlöslich und wird im Laufe der Zeit vom Grundwasser aus dem Gestein gewaschen. Dabei entstehen zunächst kleine Höhlen, die aber im Verlauf der Zeit immer größer werden. Für den »Bau« der Lower-Cane-Höhle dürften die Bakterien etwa 10.000 Jahre gebraucht haben.

[die Spezialisten]

## US-Firma verwandelt tote Ehemänner in Edelsteine

Die Firma LiveGem im US-Bundesstaat Illinois hat eine echte Marktlücke entdeckt, bietet sie doch Frauen die Möglichkeit, ihren verstorbenen Liebsten als funkelnden Edelstein am Finger zu tragen. Das 1991 gegründete Unternehmen hat eine Methode entwickelt, aus den sterblichen Überresten von Menschen künstliche Diamanten herzustellen. Produziert werden die so genannten Steine der Liebe, wie sie vom Hersteller genannt werden, mit Hilfe eines chemischen Verfahrens, bei dem nach der Einäscherung zunächst die anorganischen Stoffe entfernt werden, und anschließend der übrig gebliebene reine Kohlenstoff unter hohem Druck zum Diamanten gepresst wird. Die Umwandlung Mensch – Diamant dauert etwa 16 Wochen. Der Preis für den Ehemann als Schmuckstein beträgt übrigens je nach Karatzahl zwischen 4000 und 22.300 Euro.

97

## Der größte Diamant der Welt war größer als ein Tennisball

Der größte Diamant wurde 1905 in Südafrika gefunden und wog unglaubliche 3106 Karat. Im Auftrag König Edwards VII. von England wurde der riesige Diamant, der größer als ein Tennisball war, von einem Amsterdamer Diamantschleifer in 105 Teile gespalten – 9 große und 96 kleine Steine. Die 9 großen Diamanten wurden Bestandteil der britischen Kronjuwelen und befinden sich im Tower von London. Der mit 530 Karat größte Teildiamant, der so genannte Cullinan I oder Große Stern von Afrika, ziert das Zepter des englischen Königshauses. Berühmte farbige Diamanten sind der blaue 44,5 Karat schwere »Hope« und der 128,51 Karat wiegende kanariengelbe »Tiffany«.

## Im Jahr 2020 hat der höchste Berg Afrikas keinen schneebedeckten Gipfel mehr

»Schnee auf dem Kilimandscharo« heißt eine berühmte Kurzgeschichte, die der amerikanische Literaturnobelpreisträger Ernest Hemingway einst am Fuße des höchsten Berges Afrikas verfasste. Doch es sieht so aus, als würde Afrika bald um eine Attraktion ärmer sein, denn die Eiskappe des Kilimandscharos schmilzt unerbittlich. Nur noch 2 km² des 11.000 Jahre alten Gletschers sind heute übrig. Damit hat der Gletscher seit 1912 rund 80 % seiner Fläche verloren. Verantwortlich für das Schmelzen ist, neben der globalen Erwärmung, vor allem das die Abholzung der Bäume auf den Ausläufern des Berges. Denn diese Waldgebiete lieferten bisher die Feuchtigkeit, die vom

98

Fuße des Berges aufstieg und sich auf dem Gipfel als Eis ablagerte und so für eine »Regeneration« des Gletschers sorgte. Wissenschaftler glauben, dass, wenn der Gletscher in dieser Geschwindigkeit weiterschmilzt, der Schnee auf dem Gipfel des Wahrzeichen Tansanias im Jahr 2020 völlig verschwunden sein wird.

**[das stimmt so nicht]**

### Der Ayers Rock ist der größte Monolith der Welt

Lange Zeit galt der berühmte Ayers Rock oder Uluru, eine der größten Sehenswürdigkeiten Australiens, als größter Monolith der Welt. Unter einem Monolith (gr.: »monos« = allein, »lithos« = Stein) versteht man einen einzeln stehenden Stein. Heute weiß man, dass nicht der Uluru, der heilige Berg der Aborigines, um den sich Mythen und Legenden ranken, die Nummer 1 ist, sondern der relativ unbekannte Mount Augustus, der ebenfalls »down under« zu finden ist. Der gewaltige in Westaustralien gelegene Gesteinsblock erhebt sich an seiner höchsten Stelle über 1100 m über den Meeresspiegel und ist mit 7 km Länge und einer Breite von 3 km fast 3-mal größer als der Uluru! Auch der Mount Augustus ist mit uralten Felszeichnungen der Aborigines geschmückt.

### Burma-Rubine werden nur in Birma gefunden

Ein so genannter Burma-Rubin, gekennzeichnet durch seine leicht bläuliche Schattierung, ist der Rolls Royce unter den Rubinen. Ein Burma-Rubin muss aber nicht zwangsläufig aus Birma stammen. Vielmehr verbindet man mit diesem Begriff eine Farbe, nämlich das berühmte »Taubenblutrot«, das Steinen aus den berühmten Edelsteinminen im Norden Birmas, des heutigen Myanmar, zugeschrieben wird. In diesen Lagerstätten im »Tal der Rubine« werden bis heute die meisten »First-Class«-Rubine in mühevoller Arbeit ans Tageslicht befördert. Man nimmt an, dass bereits in der Bronzezeit Rubine aus den birmesischen Gruben gefördert wurden. Im Mittelalter glaubte man übrigens, Rubine könnten vor der Pest oder sogar vor dem Teufel schützen.

# Was sind Stalaktiten und was Stalagmiten?

Beides sind Tropfsteine. Tropfsteine entstehen, wenn Wasser durch kalkhaltiges Gestein sickert und dabei Kalziumkarbonat aufnimmt. Trifft das Wasser dann auf eine Höhle, rinnt das Sickerwasser an der Decke entlang, verliert dabei an Fließgeschwindigkeit und bildet aufgrund der Oberflächenspannung Tropfen. Dabei gibt es Kohlendioxid ab, und es kommt zur Ausfällung von kristallinem Kalziumkarbonat. An der Höhlendecke bilden sich so die herabhängenden Tropfsteine, die Stalaktiten. Beim Aufprall des immer noch etwas Kalk enthaltenden Tropfens auf den Boden wird nochmals Kohlendioxid freigesetzt, und es fällt wieder Kalk aus. Entsprechend wächst ein weiterer Tropfstein vom Boden in die Höhe und entwickelt sich zu einem Stalagmiten. Irgendwann treffen sich Stalaktiten und Stalagmiten und wachsen zusammen. Sie bilden dann Tropfsteinsäulen, die als Stalagnate bezeichnet werden.

# Was ist eine Sandrose?

Sandrosen sind bizarre Kristallgebilde, die meist aus Gips oder Schwerspat bestehen, dessen blättrige Kristalle in einer Art Rosette zusammengewachsen sind und an die Blüte einer Rose erinnern. Sandrosen findet man, wie dies auch ihr anderer Name Wüstenrose verdeutlicht, in heißen und trockenen Gebieten wie z. B. der Sahara. Ihre Existenz haben sie der Tatsache zu verdanken, dass in Wüsten durch die hohe Verdunstungsrate ständig Grundwasser durch Kapillarkräfte nach oben gefördert wird. Dabei kristallisieren die im Wasser gelösten Mineralien durch die fortschreitende Verdunstung aus und bilden zusammen mit dem Wüstensand die charakteristische Kristallstruktur. Sandrosen können in Ausnahmefällen mehrere Meter groß werden und sind bei Stein- und Mineraliensammlern sehr beliebt.

# Quiz für Schnelldenker

**1 Wie viel wiegt ein Diamant von 1 Karat?**
a) 0,02 g
b) 0,2 g
c) 2 g

**2 Welches Gebirge ist das jüngste der Welt?**
a) Himalaya
b) Fichtelgebirge
c) McDonnel Ranges

**3 Wie hoch ist die Temperatur 3000 m unter der Erdoberfläche?**
a) 9 °C
b) 90 °C
c) 900 °C

**3** Die äußerste Hülle der Erde ist die so genannte Erdkruste. Wir unterscheiden 2 Typen von Erdkruste: Die kontinentale Kruste, die 30–50 km mächtig ist und vor allem aus Granit und Gneis besteht, und die ozeanische Kruste, die lediglich 7–10 km misst und vorwiegend Basalt und Gabbro enthält. Da im Erdinnern Temperaturen von mehreren tausend Grad Celsius herrschen, ist es kein Wunder, dass die Temperatur in der Erdkruste zum Erdinnern hin alle 33 m um 1 °C zunimmt. Das bedeutet nach Adam Riese, dass 3000 m unter der Erdoberfläche Temperaturen von rund 90 °C herrschen.

**2** Der Himalaya ist nicht nur das höchste, sondern auch das jüngste Gebirge der Welt. Er entstand vor rund 50 Millionen Jahren, als der indische Subkontinent auf die Landmasse von Asien traf und dabei in der »Knautschzone« der beiden tektonischen Platten dieses gewaltige Gebirge aufwarf. Während 2 andere berühmte Gebirge, die Alpen und die Anden, nur unwesentlich älter sind als der Himalaya, zählt das Fichtelgebirge zu den ältesten Gesteinsmassiven der Welt. Es ist ein Reststück des einst gewaltigen Kaledonischen Gebirges, das vor rund 400 Millionen Jahren entstand, als Europa und Nordamerika noch ein Kontinent waren, und zog sich von Skandinavien über Grönland bis zu den heutigen Appalachen Nordamerikas. Die in Australien gelegenen rund 400 km langen McDonnel Ranges gehören ebenfalls zu den ältesten Gebirgen der Welt.

**1** Das Gewicht oder die Größe eines Diamanten wird traditionell in Karat gemessen, 1 Karat sind 0,2 g. Der Begriff Karat geht auf eine natürliche Maßeinheit, den Samen des Johannisbrotbaums, zurück. Ursprünglich wurden Diamanten gegen diesen Samen aufgewogen.

# Wüsten

Wüsten sind monotone, äußerst trockene Lebensräume. Und dennoch ähnelt keine Wüste einer anderen. Es gibt Wüsten, etwa die südamerikanische Atacama, in denen über Jahre hinweg kein Tropfen Wasser fällt. Es mag in dieser alten Wüste Regionen geben, in denen seit Millionen von Jahren die Steine nicht mehr bewegt wurden. Und es gibt Wüsten, etwa Teile der südafrikanischen Kalahari, die sich nach Regenfällen in ein Blütenmeer verwandeln. Auch das Bild von der Wüste als unendliches Sandmeer trifft nur für bestimmte Regionen zu. Genauso oft sind Wüsten öde Felsregionen, Schotterflächen, Geröllhalden oder schlicht ausgedörrter Boden.

**Auch die Vorstellung** von vegetationsfreien Flächen ohne tierisches Leben gilt nur für ausgesprochene Extremwüsten. Im Allgemeinen sind Wüsten nämlich von einer Vielzahl von Tieren und Pflanzen besiedelt. Diese müssen allerdings in besonderer Weise an die extremen Bedingungen angepasst sein.

**Bei den Pflanzen** sind dies insbesondere Reduktionen. Klassisch ist die Kakteenform: eine fleischige Grundachse als Wasserspeicher, wobei Seitenäste auf Stachelgröße reduziert sind und auch Blätter meist nicht gebildet werden. Dieses Modell ist so erfolgreich, dass es in verschiedenen anderen Familien auch realisiert wurde, etwa bei den Wolfsmilch- und Korbblütengewächsen. Andere Mechanismen zur Anpassung an Trockenheit sind eine dicke Wachsschicht (Cuticula) auf den Blättern oder ein dichter Haarfilz. Oft werden auch die Blätter während der Trockenperioden abgeworfen und sprießen nur nach einem Regen. Oder die ganze Pflanze ruht als Samen mehrere Jahre im Boden und keimt nur nach einem ergiebigen Regen, um dann in kürzester Zeit einen vollen Vegetationszyklus bis zur erneuten Samenreife zu durchlaufen.

**Vergleichbare Anpassungen** sind auch im Tierreich bekannt (vgl. S. 110/111): Derbe Haut zur Reduktion des Wasserverlusts, nächtliche Lebensweise, Eingraben in den Sand und rasche Fortbewegung mit möglichst weit vom heißen Boden abgehobenem Körper sind einige der verbreitetsten. So haben es die Lebewesen geschafft, auch einige der unwirtlichsten Plätze auf unserem Planeten zu besiedeln.

Der Dornteufel Australiens, eine Echse, ist als Schutz vor Feinden über und über mit kräftigen Stacheln besetzt. Er ernährt sich ausschließlich von Ameisen. Am Morgen sammelt sich auf seinem Rücken Tau, den sich das Tier durch Kapillarkräfte (feine Strukturen in der Haut) ins Maul fließen lässt.

103

## [Uraltes Wasser]

Bei Bohrungen in der Sahara wurde Wasser gefunden, das bereits über 400 Millionen Jahre in den Gesteinsschichten ruht. Es ist damit älter als es höheres Leben auf dem Festland der Kontinente gibt.

## [Hohe Dünen]

Die mit über 300 m höchsten Sanddünen der Welt gibt es in der Namib-Wüste.

In Europa findet sich die höchste Wanderdüne in Frankreich bei Arcachon mit etwa 117 m Höhe (Name: Dune du Pyla).

## [Sanddünen mitten in Deutschland]

Dünen gibt es nicht nur in Wüsten oder an den Küsten. Sogar im Binnenland Deutschlands sind einige Stellen mit Sanddünen bekannt: etwa im

Nürnberger Reichswald, in der Schorfheide-Chorin, in der Oberrheinebene am Mainzer Sand oder bei Hockenheim. Alle diese Gebiete sind wegen der seltenen Tiere und Pflanzen streng geschützt.

## [Tage ohne Wasser]

Wie lange Lebewesen ohne Wasser auskommen, wird sehr widersprüchlich diskutiert. Beim Menschen werden meist 5 Tage angegeben. Von Kamelen heißt es häufig 7–8 Tage, aber auch Angaben bis 17 Tage finden sich. Die Schwierigkeit, exakte Angaben zu machen, liegt darin, dass Lebewesen auch mit ihrer festen Nahrung Wasser in den Körper aufnehmen. In Wüstenregionen gibt es viele Spezialisten, die ganz ohne Flüssigkeitsaufnahme überleben, weil ihnen der Wassergehalt der Nahrung reicht, etwa Kängururatten oder Beutelmäuse.

## [Saharalöwen]

Früher waren Löwen in der Sahara gar nicht selten, und die Löwenjagd war weit verbreitet. 1932 wurde jedoch der letzte Saharalöwe erschossen.

## [Saharawinde]

Sand und Staub aus der Sahara werden eigentlich um die ganze Welt verfrachtet. So ist bekannt, dass die Regenwälder Amazoniens ihre Nährstoffe aus der Sahara beziehen (vgl. S. 125). Auch in Deutschland gibt es Tage, an denen der Himmel von Staubpartikeln eine orangene Färbung erhält und die Autos von einer feinen Schicht Saharastaub überzogen werden, so im Februar 2004 in Süddeutschland. In Extremfällen hat man die Auswirkungen von Saharastürmen sogar bis Island registriert.

## [Die größten Wüsten]

| Sahara | Nordafrika | 9.000.000 km² |
|---|---|---|
| Australische Wüste | Australien | 3.000.000 km² |
| Große Arabische Wüste | Südwestasien | 1.300.000 km² |
| Gobi | Zentralasien | 1.036.000 km² |
| Kalahari | Südafrika | 520.000 km² |

# Kann man im Treibsand versinken?

Diese Frage wird auch heute noch sehr kontrovers behandelt. Feuchter Treibsand ist ein Fluid (eine Suspension aus Wasser und Sand), d. h. er verhält sich ähnlich wie ein zäher Brei oder Beton (nur dass er natürlich nicht aushärtet). Etliche Stimmen sagen nun, dass aufgrund der hohen Dichte ein Einsinken nicht vollständig möglich ist. Allerdings könne man sich auch kaum aus eigener Kraft befreien. Andere wie der niederländische Physikprofessor Detlef Lohse führen an, dass man durchaus versinken kann und im Iran auch immer wieder Kinder zu entsprechenden Jahreszeiten – wenn aufgrund der Regenzeit der Sand sehr feucht ist – verschwinden. Professor Lohse konnte zudem im Labor zeigen, dass Körper wie ein schwerer Tennisball auch im instabilen trockenen Treibsand innerhalb von Sekunden untergehen können. Auch lockerer Treibsand ist also potenziell für Menschen gefährlich.

# Was sind Qanate?

Ein Qanat ist ein Bewässerungssystem in der Dascht e Lut (aber auch in anderen Trockenregionen bekannt). Diese zentraliranische Wüste zählt zu den unwirtlichsten Gebieten der Erde; im Schatten werden manchmal Temperaturen bis 60 °C gemessen (mit entsprechend hoher Verdunstungsrate von oberflächlich fließendem Wasser). Schon vor Tausenden von Jahren wurde dort ein unterirdisches Bewässerungssystem gegraben. Es leitet Grundwasser von den umgebenden Bergen oder aus Auffang-Arealen für das seltene Regenwasser zu bestimmten Oasen. Dafür wurden einst im Abstand von 20–30 m bis zu 200 m tiefe Schächte gegraben und an ihrer Sohle durch leicht abschüssige Querstollen für das Wasser verbunden. Das Ganze war schwere Fronarbeit für Sklaven aus Afrika und Asien, die das Gestein mit Körben nach oben brachten. Mehrere tausend Kilometer umfasste einst das gesamte Bewässerungssystem. Am Zielort wurde das Wasser in unterirdischen Kavernen, so genannten Mutterbrunnen, gesammelt. Heute sind nur noch wenige der Qanate in Gebrauch.

# Quiz für Schnelldenker

**1** **Halbmenschen sind . . .**
a) eine Affenart in Gebirgsregionen der Sahara.
b) spezielle Verwitterungsformen in den Wüsten des US-Bundesstaates Utah.
c) baumförmige Pflanzen in den Wüsten Namibias.

**2** **Was sind Barchane?**
a) Sicheldünen
b) Nomadenzelte
c) Wildhunde der Wüstengebiete

**3** **Welche Tiere gibt es in der Sahara?**
a) Krokodile
b) Klapperschlangen
c) Fische

**1** Als Halbmensch wird das Hundsgiftgewächs *Pachypodium namaquanum* aus Namibia bezeichnet, das mit der als Zimmerpflanze bekannten Madagaskarpalme verwandt ist. Die sukkulente, stachelbewehrte Pflanze kann bis 2,5 m hoch werden, wächst in felsigen Wüsten, und ihr Blattschopf, der »Kopf«, ist stets nach Norden, Richtung Sonne, gerichtet. Nach einer Nama-Legende sind die Halbmenschen Angehörige eines Stammes, der vertrieben wurde. Als sich einige Mitglieder auf ihrer Flucht gen Süden umdrehten, um auf ihr angestammtes Land im Norden zurückzublicken, verwandelten die Götter sie in Halbmenschen, sodass sie nun ständig in Richtung ihrer Heimat schauen können.

**2** Barchane sind Sicheldünen, also typische Wanderdünen der Sandwüsten mit auf der (windabgewandten) Leeseite steilem, konkaven Sandkörper. Sie erreichen Höhen bis über 30 m und wandern etwa 10–50 m pro Jahr, wobei die Flanken etwas schneller sind. Daher die sichelförmige Form. Am Ursprungsort eines fortgewanderten Barchan entsteht ein neuer. Auf diese Weise bilden sich lange Reihen von wandernden Dünen.

**3** Zugegeben, das ist eine Fangfrage! Natürlich sind Fische und Krokodile keine typischen Wüstentiere, aber in einigen Oasen und Seen der Sahara trifft man sie durchaus an. Hingegen werden Sie eine Klapperschlange in der Sahara vergeblich suchen. Zwar ist es eine Art, die in Wüsten- und Trockengebieten vorkommt, aber in ihrer Verbreitung auf Amerika beschränkt ist.

## Ölbohrungen erfolgen senkrecht nach unten

Die Zeiten, als eine Ölbohrung senkrecht nach unten erfolgte, sind in vielen Regionen vorbei. Moderne, flexible Bohrgestänge machen problemlos Richtungsänderungen um 90 Grad mit. Damit gelingt es, auch Ölvorkommen anzuzapfen, die unter schwierigem Gelände liegen, etwa unter einem hohen Dünenzug. Die Shaybah-Ölfelder Saudi-Arabiens gehören mit einem täglichen Ertrag von über 15 Millionen US-Dollar zu den ergiebigsten der Welt. Dort gibt es Bohrgestänge mit über 10 km Länge, wovon 8,5 km in der Horizontalen verlaufen. Mit solchen Technologien kann man sogar an Ölreserven heranreichen, die in grenzpolitisch umstrittenen Gebieten liegen.

## Wie Beduinen Fährten lesen

Auch unter den Menschen gibt es unglaubliche Spezialisten. So sind manche Beduinen Meister im Lesen von Kamelfährten in der Wüste. Ihr Wissen beschränkt sich nicht darauf, wie viele Kamele wann (wie frisch ist die Spur) irgendwo entlang kamen. Die Tiefe der Eindrücke gibt z. B. kund, ob ein Kamel eine Last – z. B. einen Reiter – trug oder trächtig war. Und die Art der Abdrücke verrät, woher das Kamel ursprünglich stammt. Kamele aus Gebieten mit Geröllwüste haben z. B. viel kompaktere, glatt geschliffene Trittsiegel als solche aus Sandwüsten. Manche Fährtenleser kennen alle Kamele ihrer Region an typischen Merkmalen ihrer Spuren. Und schließlich gibt der Kot der Tiere Hinweise darauf, was sie gefressen haben, d. h. von welcher Oase sie herkommen. Insider lesen also in Kamelspuren wie in einem Buch.

## Lebende Steine

Als Lebende Steine bezeichnet man Pflanzen der Gattung *Lithops* aus der Familie der Mittagsblumengewächse. Sie bestehen meist nur aus 2 dicklich-fleischigen, häufig noch miteinander verschmolzenen Blättern. Sie stecken so weit im Boden, dass nur die Blattspitzen herausschauen, oft durch ein spezielles Fenstergewebe aufgehellt, durch welches für eine effiziente Fotosyntheseleistung Licht nach innen geleitet wird. Die aus der Erde ragenden Teile der Pflanze erinnern in Gestalt und Farbe täuschend an Steine, daher der Name. Eine einzige große Blüte bildet sich nach einem Regenfall.

[ schon gehört? ]

## »Wüstenfalken«, die aus Grönland stammen

Die Haltung von Falken für die Jagd ist in den arabischen Wüstenstaaten zum Statussymbol geworden. Längst sind die ehemals heimischen Wüstenfalken ausgestorben, weil gefangene Vögel nicht mehr – wie früher – nach gewisser Zeit wieder frei gelassen werden. Deshalb werden Wüstenfalken aus anderen Ländern, z. B. der Mongolei und dem Iran, zu hohen Preisen eingeführt. Bis zu 30.000 US-Dollar erhält ein Händler pro Exemplar. Sehr begehrt sind auch die weißen arktischen Gerfalken aus Grönland. Sie taugen zwar nicht zur Jagd, werden aber in klimatisierten Volieren ebenfalls als Statussymbole gehalten.

## Klimaanlage im Termitenbau

Termiten besitzen in ihrem Bau ein ausgeklügeltes Belüftungssystem, damit ihre oft mehrere Meter hohen Bauten auch in heißen Wüstengebieten bewohnbar, sprich gut temperiert bleiben. Die eigentlichen Wohnstätten sowie Kammern für die Pilzzucht finden sich meist auf Bodenniveau oder etwas darunter. Nach unten schließen sich vielfach sehr tiefe Gänge an, die häufig Dutzende von Metern hinab in kühlere Bereiche oder sogar bis zum Grundwasser reichen. Nach oben erhebt sich die turmförmige komplizierte »Klimaanlage«: In einem zentralen Schlot steigt erwärmte Luft nach oben und sinkt anschließend entlang der seitlichen Wände des Temitenbaus wieder nach unten, wobei der Gasaustausch erfolgt – d. h. Kohlendioxid wird abgegeben, Sauerstoff aufgenommen. Diese frische Luft gelangt dann in die Wohnkammern und Pilzgärten. Architekten hoffen nun, einiges von den raffinierten Termiten-Bauweisen auch für Niedrigenergie-Häuser nutzen zu können.

## Perfekt ans Wüstendasein angepasst

Kamele sind in vielfältiger Weise an das Leben in Wüsten angepasst. Man unterscheidet das einhöckerige Dromedar und das zweihöckerige Trampeltier. In ihren Höckern speichern sie Fett, das sie bei Nahrungsmangel abbauen und nutzen können. Die Höcker schrumpfen dabei oder kippen beim Trampeltier zur Seite. Ihre Körpertemperatur können Dromedare um mehrere Grad erhöhen, ohne zu schwitzen und damit Wasser zu verbrauchen. Dennoch können sie insgesamt 1 Drittel ihrer Körperflüssigkeit verlieren, was für Menschen tödlich wäre. Zudem ist ihr Urin hochkonzentriert und ihr Kot sehr trocken. Nach längerer Durstphase kann ein Dromedar dann bis zu 100

110

Liter Wasser auf einmal trinken. Die langen Beine sorgen für einen hoch gelagerten Körper, denn in dieser Höhe ist die Temperatur oft bis zu 10 °C kühler als direkt am Boden. Als Schutz gegen den Flugsand haben Kamele lange Wimpern, und sie können die Nasenlöcher verschließen. Bei Sandsturm schließen Kamele ihre Augen, können dann aber durch die dünnen Lider immer noch etwas erkennen. Ihre Genügsamkeit bei der Nahrungswahl ist schließlich ein weiterer Grund für die hervorragende Eignung als Wüstentier. Wilde Dromedare sind übrigens nirgends auf der Welt mehr bekannt.

**[das stimmt so nicht]**

## Eine Fata Morgana ist nicht real

Geschichten über Fata Morganas, wenn Verdurstende in der Wüste Wasser am Horizont erblicken, gibt es wie Sand in der Wüste. Heute weiß man, dass das nicht reine Halluzinationen sind. Folgende Mechanismen sind denkbar: Zum einen kann die in der Hitze über dem Boden flimmernde Luftschicht den Eindruck von Wasser hervorrufen. An der Luftschichtgrenze zur sehr heißen Bodenschicht spiegelt sich dann der blaue Himmel. Solche Phänomene erkennt man selbst in Mitteleuropa manchmal über stark aufgeheizten Teerstraßen.

Zum anderen kommt es an unterschiedlich heißen Luftschichtengrenzen manchmal zu so genannter Totalreflexion. Eine Oase, die eigentlich hinter dem Horizont liegt, scheint sich dann direkt vor dem Betrachter zu befinden. Bei 1-maliger Reflexion steht die gespiegelte Landschaft übrigens Kopf, bei 2-facher richtig orientiert usw. Auf diese Weise können Strukturen gesehen werden, die in Realität erst in mehreren Tagesmärschen erreichbar sind – eben weil sie aus der Ferne vor die Augen des Betrachters gespiegelt werden.

## Singender Sand

Wüstenkenner behaupten immer wieder, dass Dünen singen, stöhnen oder gar brüllen könnten. Und dabei ist nicht ein Geräusch durch starke Winde gemeint, sondern eine Klangerzeugung direkt im Sand. Wissenschaftler können das inzwischen bestätigen. Bei der Schichtung von Körpern, in diesem Falle Sandkörnern, sind stets verschiedene Zustände denkbar – ähnlich wie man Obst auf verschiedene Weise in einer Kiste schichten kann. Dieses innere Gefüge kann instabil werden, und ein größeres Paket Sand gerät dann ins Rutschen (bei Dünen-»Lawinen« sind oft bis 500 Schichten beteiligt). Diese überwiegend innere Bewegung einer Düne ruft das besagte Singen oder Grollen hervor, da die Luft zwischen den Sandkörnern beim Verschieben in Schwingungen gerät.

## Warum Felsen wandern

Im amerikanischen Death Valley gibt es eine seltsame Ebene, »Rennbahn des Teufels« genannt, auf der bis 300 kg schwere Felsbrocken wie von Geisterhand über den Boden wandern und charakteristische Schleifspuren hinterlassen. Mittels Satellitenbeobachtung hat man das Rätsel jetzt gelöst: Nach Regenfällen bedeckt sich die Ebene im »Tal des Todes« mit einem glitschigen Lehmfilm. Kommen in den wenigen Tagen während dieses Zustands heftige Stürme mit mehr als 100 km/h auf, können diese die Felsen wie auf einer Rutschbahn vor sich her schieben. Dabei kann in einer Windböe ein Fels auf Geschwindigkeiten bis 2 m/sec beschleunigt werden. Die Schleifspuren bleiben im trockenen Zustand oft jahrelang sichtbar. Inwieweit Eisbildung um die Steine den Transport fördert, ist noch nicht endgültig geklärt.

## In der Sahara gibt es große Seen

Die Sahara ist kein endloses Gesteins- und Sandmeer. In manchen Regionen gibt es Gebirge mit Schluchten und Wasserstellen, in anderen sogar ausgedehnte Seen. Insbesondere die Seen zeugen von den deutlich wasserreicheren Zeiten, als es in der Sahara blühende Landschaften gab. Zahlreiche Felszeichnungen mit einer üppigen Tierwelt sind Beweis dafür, dass zu jener Zeit Menschen diese Regionen besiedelt haben. Eines dieser Gebiete ist das Ennedi-Gebirge im Nordosten des Tschad. Dort liegen die ausgedehnten Grundwasserseen von Ounianga. Allein das größte der versalzten Gewässer verdunstet jährlich eine Wassersäule von 5–6 m Höhe, was etwa 60 Millionen m$^3$ entspricht. Dennoch nimmt die Wassermenge in den Seen nicht ab, da sie von zahlreichen Süßwasserquellen gespeist werden. Das Wasser in der Wüste weckt auch Begehrlichkeiten. So will der libysche Staatschef Gadhafi fossiles Grundwasser aus dem Süden des Landes über 1000 km weit mit einer Pipeline nach Norden bringen lassen, um dort Felder zu bewässern.

[schon gehört?]

## Wenn Dünen einander auffressen

Die Bewegungen von Wanderdünen sind recht kompliziert und nur schwer physikalisch-mathematisch zu beschreiben. So wandern z. B. kleine Dünen schneller als große. Bis vor kurzem dachte man, dass eine kleinere Düne, die von hinten eine größere einholt, diese durchdringe und dann vor der Düne ihren schnelleren Weg wieder fortsetze – ähnlich wie dies bei Wellen der Fall ist. Genaue Computermodelle haben nun aber gezeigt, dass eine solche kleine Düne die größere quasi kannibalisch auffrisst: Nähert sie sich von hinten der langsameren größeren Düne, frisst sie dieser beim Durchdringen Sand weg, bis sie selbst größer geworden und damit langsamer ist. Die nun kleinere vordere Düne eilt jetzt – schlank geworden – der hinteren davon. Oft teilen sich dabei die beiden Flanken der vorderen Düne in 2 nochmals kleinere und damit schnellere Einzeldünen auf.

113

# Regenwälder

Regenwälder sind typische Lebensräume der feuchten Tropen. Wesentliche Kriterien sind der hohe tägliche und jährliche Niederschlag sowie eine gleichbleibend hohe Luftfeuchtigkeit. Herrschen solche Bedingungen auch in anderen Klimazonen, spricht man von gemäßigten Regenwäldern (vgl. S. 120). Die »echten« tropischen Regenwälder zeichnen sich zudem durch das ganze Jahr über hohe Temperaturen aus mit geringen Temperaturschwankungen zwischen Tag und Nacht.

**Trotz der sehr gleichförmigen Bedingungen** sind die Regenwälder sehr verschieden, und zwar in Abhängigkeit vom Nährstoffangebot. Es gibt Wälder in Südamerika, die derart nährstoffarm sind, dass die abfließenden Bäche und Flüsse so rein sind wie Regenwasser. Ihre ohnehin geringen Nährstoffverluste werden dann durch Zufuhr aus der Sahara ausgeglichen (vgl. S. 125). Andere Regenwälder, vornehmlich auf mineralienhaltigen Vulkanböden, sind deutlich nährstoffreicher. Nur in solchen Regionen kann man den Wäldern durch Nutzung Biomasse entziehen, weil nur dort die Verluste an Nährstoffen ausgeglichen werden können.

**Allen Regenwäldern gemeinsam** ist ihr enormer Artenreichtum. Allein durch die vermutete Zahl an Arten in den Regenwäldern, die noch nicht beschrieben sind, mussten die Schätzungen der Tier- und Pflanzenarten auf der Welt um ein Vielfaches erhöht werden. Der Artenreichtum mag durch ein paar Vergleiche belegt werden: Auf 1 Hektar Tieflandregenwald in Panama findet man mehr Käferarten als in ganz Mitteleuropa. Es wachsen mehr Baumarten auf 1 Hektar Regenwald in Südamerika als in ganz Nordamerika bekannt sind. Und auf einem einzigen Baum in Peru kommen mehr Ameisenarten vor als in ganz England.

**Bei derart großer Artenvielfalt** ist es kein Wunder, dass auch die Anpassungen an den Lebensraum und die Abhängigkeiten der Arten untereinander sehr vielfältig und raffiniert aufeinander abgestimmt sind. Ganze Bücher sind schon damit gefüllt worden. Das Spektrum reicht von hochgiftigen schwarz-weiß-roten Korallenschlangen, denen ungiftige Nachahmer bis ins kleinste Detail der auffälligen Zeichnung ähneln, über Vögel, die Blumen bestäuben, bis hin zu Fledermäusen, die Eidechsen und Frösche am Urwaldboden fangen.

Pfeilgiftfrösche synthetisieren ihre Gifte, bestimmte Alkaloide, nicht selbst, sondern beziehen sie von den Ameisen und Tausendfüßern, die sie fressen. Die Haut eines Frosches enthält genug Gift, um 10 Menschen zu töten.

115

### [Größter Regenwald]

Das größte Regenwaldgebiet der Erde ist das Amazonas-Becken. Mit seinen etwa 1100 Nebenflüssen transportiert der Amazonas etwa 1 Fünftel der gesamten Süßwassermenge der Erde.

Der Tumucumaque-Nationalpark im Norden Brasiliens ist das größte Regenwald-Schutzgebiet der Welt. Er nimmt eine Fläche von der Größe der Niederlande (genau: 38.875 km²) ein.

Die weltweit größte Artenvielfalt wird in den Regenwäldern der Andenregion zwischen Venezuela und dem Norden Argentiniens angenommen. Dort wurden bislang 45.000 Gefäßpflanzenarten, 1666 Vogelarten, 414 Säugetierarten sowie 1309 Reptilien- und Amphibienarten nachgewiesen.

### [Überall Bäume]

Der höchste Baum der Regenwälder ist der Tualang (*Koompassia excelsa*). Das größte vermessene Exemplar war 87 m hoch. Die Malayen glauben, dass in solchen Bäumen Geister wohnen.

Der dickste lebende Baum ist die Sumpfzypresse »El Arbol del Thule« in Mexiko. Bei einer Höhe von 42 m hat sie einen Umfang von beachtlichen 36 m (in 1,5 m Höhe gemessen).

Brettwurzeln können bis 9 m Höhe und bis über 5 m Entfernung vom Hauptstamm erreichen. Man findet sie besonders gut ausgeprägt beim Kapokbaum (*Ceiba pentandra*) sowie bei verschiedenen *Ficus*-Arten.

116

## [Tierisches]

Anakondas sind Würgeschlangen der Sümpfe und Flussufer der Regenwälder. Das größte vermessene Exemplar war 8,45 m lang, es gibt aber auch Berichte von einer 11,40 m langen Monsterschlange.

Die größten Krokodile der Tropen sind die im asiatisch-pazifischen Raum verbreiteten Leistenkrokodile. Die gefährlichen Räuber können über 7 m, unbestätigten Berichten zufolge gar bis 10 m lang werden.

Der größte Käfer ist der in den Wäldern Amazoniens heimische Riesenbockkäfer. Er wird 18 cm lang. Das schwerste Insekt hingegen ist mit bis zu 100 g Gewicht der afrikanische Goliathkäfer.

## [Verlust der Regenwälder]

Die Zerstörung der Regenwälder ist heute eines der größten Probleme im Naturschutz. Es sind wahrhaft nur Negativ-Rekorde, die da zu vermelden sind. So wurden vom ursprünglich vorhandenen Regenwald in den verschiedenen Regionen der Erde bisher folgende Anteile zerstört:

| | | | |
|---|---|---|---|
| Ost- und Westafrika | 72 % | Südasien | 63 % |
| Zentralafrika | 45 % | Südostasien | 38 % |
| Lateinamerika | 37 % | | |

Allein in Brasilien wurden 2004/2005 etwa 18.900 km² primärer Regenwald vernichtet; das ist mehr als die Fläche Sachsens. Trotzdem birgt dieser erschreckende Wert auch Hoffnung. Denn 2003/2004 waren es noch 27.200 km² gewesen; seit vielen Jahren ist die Fläche zerstörten Regenwaldes erstmals von einem Jahr auf das andere gesunken – zumindest in Brasilien.

## Welche Tiere züchten Pilze?

Pilzzuchten sind von den Staaten bildenden Ameisen und Termiten bekannt. Blattschneiderameisen verarbeiten die von ihnen geernteten Blattstückchen in ihrem unterirdischen Nest zu einem Brei, auf dem dann Pilze wachsen, von deren Fruchtkörpern, den so genannten Ambrosiakörpern, sich die Ameisen ausschließlich ernähren. Auf prinzipiell ähnliche Weise züchten etliche Termiten in ihren auffälligen Bauten Pilze als Nahrung.

## Wie entsteht der Blauton auf den Flügeln der Morpho-Falter?

Die Morpho-Falter Südamerikas zeichnen sich durch ihre prächtig blaue Farbe auf den Flügeln aus. Diese wird aber nicht durch einen Blauton, also eine Pigmentfarbe hervorgerufen. Vielmehr besitzen die Schuppen auf den Flügeln eine besondere Mikrostruktur, die durch Lichtbrechungseffekte den schillernden Blauton bedingt. Je nach Lichteinfall können die Flügel deshalb auch unscheinbar bräunlich aussehen. Dieser Effekt trägt übrigens zur Tarnung dieser im Sonnenschein so auffälligen Falter bei. Fliegt ein Morpho durch den dichten Regenwald, blitzen seine Flügel kurz grell blau in einem Lichtstrahl auf, im nächste Augenblick ist er bräunlich

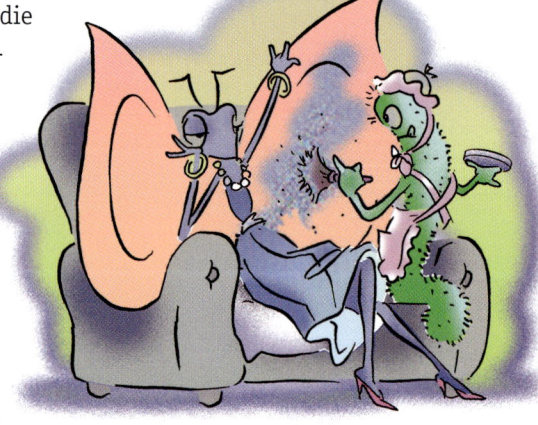

unsichtbar, um kurze Zeit später an anderer Stelle wieder aufzuleuchten. Das macht es für seine Verfolger sehr schwer, ihn zu erbeuten.

# Quiz für Schnelldenker

**1 Was bezeichnet man als Mungo?**
a) tropische Frucht
b) Sänger einer Popgruppe
c) Schleichkatze

**2 Was können tropische Fledermäuse?**
a) sich Regenhütten bauen
b) Blumen bestäuben
c) wie manche Vögel Lieder nachsingen

**3 Was sind die Meerkatzen der Regenwälder?**
a) kleine Raubtiere
b) Affen
c) mit den Meerschweinchen verwandte Nagetiere

**1** Nun, zugegeben, eine in den 1970er-Jahren sehr bekannte Popgruppe mit dem Namen »Mungo Jerry« gibt es (auch wenn es nicht der Name eines Bandmitglieds ist, sondern eine Katze im Musical »Cats«). Sie halten hier aber ein naturkundliches Buch in den Händen. Und deshalb wollen wir als Antwort Schleichkatze hören. Der Indische Mungo ist ein marderähnliches Raubtier und wurde durch Rudyard Kiplings Tiergeschichte »Rikki-Tikki-Tavi« als Art einem größeren Publikum bekannt. Übrigens: Die tropische Frucht heißt Mango.

**2** Es gibt in Mittelamerika »Zeltbauende Fledermäuse« (*Uroderma bilobatum*), die Palmblätter in einer Weise anbeißen, dass diese sich wie ein Zelt mit Spitzdach nach unten falten. Unter diesen Blättern ruhen die Fledermäuse dann vor tropischen Regenfällen geschützt. Die Blumenfledermäuse wiederum haben sich darauf spezialisiert, Nektar zu sammeln. Wie Kolibris können sie im Rüttelflug vor Blüten stehen und diese dabei bestäuben. Fledermäuse, die singen können, wurden allerdings bisher nicht beobachtet. Ihre Kommunikation bzw. Ortung spielt sich überwiegend im Ultraschall-Bereich ab.

**3** Meerkatzen gehören zu den Affen. Es sind katzengroße, langschwänzige, in Afrika heimische Tiere, die meist in Scharen in Wäldern und Buschwerk leben.

## Regenwälder gibt es nur in den Tropen

Regenwälder sind zwar eine typische Vegetationsform der warmen Tropen, aber es gibt sie auch in anderen Regionen. Wichtig für die Ausbildung eines Regenwaldes sind zum einen ständige Niederschläge und Feuchtigkeit und zum anderen ein mildes Klima ohne frostigen Winter. Solche Bedingungen herrschen auch in den so genannten gemäßigten Regenwäldern, z. B. auf Neuseeland oder an der Westküste Südamerikas. Bekannt in dieser Hinsicht ist auch der Olympic-Nationalpark im äußersten Nordwesten der USA, der auf der Höhe von München liegt. Die Regenwälder dort sind nicht so mächtig wie die der Tropen, aber ebenfalls voll mit Epiphyten (Aufsitzerpflanzen) wie Moosen, Farnen und Flechten, die in langen Bärten und regelrechten Vorhängen von den Zweigen hängen.

## Tropenabende sind besonders lang

Eher das Gegenteil ist der Fall. Direkt am Äquator ist jeder Tag das ganze Jahr über exakt 12 Stunden lang. Die Sonne berührt den Horizont relativ steil – und entsprechend kurz ist die Dämmerung. Die langen Südseeabende gehören also eher ins Reich der Legenden.

## Der Duft des Regenwalds

Äußerst vielfältig sind die Tier- und Pflanzenarten der Regenwälder. Und entsprechend umfangreich ist der Katalog möglicher Nutzungen, sei es in der Medizin, als Nahrungsmittel, technischer Rohstoff und vieles mehr. Sogar die Düfte der Regenwälder werden wirtschaftlich erschlossen. Dazu besuchen Duftforscher möglichst unberührte Wälder und erschnuppern regelrecht die Besonderheiten – exotische Blüten, ungewöhnlich duftende Früchte oder auch besonders aromatische Baumrinden. Die Düfte werden eingesammelt (z. B. bei Baumrinden) oder vor Ort mit speziellen Verfahren konserviert. Daheim im Labor beginnt dann die Analyse, damit aus Gründen des Preises und des Umweltschutzes die Duftstoffe nicht der freien Natur entnommen werden müssen, sondern im Labor nachgebaut werden können. Dazu ermittelt man mit dem Gas-Chromatographen die bis zu 150 verschiedenen Geruchsmoleküle, aus denen eine Duftnote besteht. Anschließend werden diese Moleküle synthetisiert und zu einer künstlichen, dem Original möglichst nahe kommenden Komposition zusammengefügt. Um die Nase zu täuschen, genügen im Allgemeinen 30–50 verschiedene Duftmoleküle des Originals. Die Kunst des Parfumeurs besteht darin, diese entscheidenden Komponenten zu finden und richtig zu mischen.

## Medikamente aus Krokodilblut

Krokodile besitzen ein besonders starkes Immunsystem, damit sich die häufigen Verletzungen nicht entzünden, die sie sich bei Kämpfen mit Artgenossen oder beim Beutemachen zuziehen. Forscher fanden heraus, dass selbst Mikroben, denen Penicillin nichts anhaben kann, von den Antikörpern im Krokodilblut attackiert werden. Deshalb wird jetzt untersucht, ob man daraus Antibiotika gewinnen kann. Selbst gegen das HI-Virus (Aids) wirkt Krokodilblut besser als das menschliche Immunsystem. Vielleicht lässt sich also sogar ein Medikament gegen Aids daraus entwickeln.

## Hotel »zur Feige«

Wohl eine der raffiniertesten Abhängigkeiten zwischen Pflanze und Tier ist die zwischen Feigen und den bestäubenden Wespen. Etwa 700 Feigenarten gibt es, überwiegend in den Regenwäldern der Welt. Und für jede Feigenart gibt es genau eine Wespenart, die als Bestäuber in Betracht kommt. Die Weibchen fliegen mit Pollen beladen zu einer Blüte und legen in diese ihre Eier ab. Die Larven schlüpfen, entwickeln sich in der Blüte und die Geschlechtstiere paaren sich schließlich noch in der Frucht. Nur die neue Weibchen-Generation verlässt die Früchte und sucht mit Pollen beladen abermals Blüten von der richtigen Art und im richtigen Reifestadium auf. Doch damit nicht genug. Es gibt Wespenarten, die den komplizierten Zyklus durchleben, ohne dass dabei die Blüten bestäubt würden. Sie nutzen die »Infrastruktur« der Feige ohne Gegenleistung. Und es gibt wiederum Wespenarten, die in diesen Blütenbewohnern parasitieren: Sie legen in deren Larven Eier ab, sodass sich ihre eigenen Larven in den Larven der Blütenbewohner entwickeln. Diese gehen durch die Parasitierung natürlich zugrunde. Es ist also eine recht illustre Gesellschaft, die sich da im »Hotel Feige« eingenistet hat.

## Eine blaue Liebeslaube ist besonders schön

Die Laubenvögel Neuguineas und Australiens zählen zu den wundersamsten Vögeln, die wir kennen. Die Männchen bauen kunstvolle Lauben, manchmal – wie beim Hüttenlaubenvogel – mit großen Dächern von 1 m Durchmesser. Davor drapieren sie die verschiedensten auffälligen Gegenstände, etwa Früchte, Blüten, Schneckengehäuse und farbige Blätter, aber auch Kronkorken oder anderen Zivilisationsmüll. Jede Art bevorzugt bestimmte Materialien. Der ganze Aufwand dient dazu, ein Weibchen zur Begattung in der Laube anzulocken. Die Auserwählte baut dann an anderer Stelle ein Nest.

Einen besonders ausgefallenen Geschmack zeigt der australische Seidenlauben-vogel. Er liebt die Farbe Blau. Und zwar so sehr, dass er bestrebt ist, seine Laube entsprechend anzumalen. Dazu vermengt er zerdrückte blaue Früchte, Holzkohle und Speichel und trägt die Masse mit einem zerfaserten Holzstückchen im Schna-bel auf. Und auch die Gegenstände zum Ausschmücken der Laube wollen ihm nur dann wirklich gefallen, wenn sie blau sind. Dann ist es auch ganz egal, um was es sich handelt. Wenn das Angebot da ist, werden auch Trinkhalme, Bonbons, Film-dosen, Kugelschreiber und Ähnliches genommen – Hauptsache blau.

**[unglaublich, aber wahr]**

## Ausbreitung fördert lange Beine, Giftigkeit einen kleinen Kopf

Im Jahr 1935 wurden ca. 100 Aga-Kröten nach Australien gebracht, um eine Käfer-plage in den Zuckerrohrplantagen zu bekämpfen. Die auch Zuckerrohr-Kröten ge-nannten Tiere fressen nämlich mit Vorliebe Insekten und andere Kleintiere. Inzwi-schen wurde die Art allerdings selbst zur Plage: Da sie giftig ist, besitzt sie in Australien kaum natürliche Feinde und wirkt sich durch die große Populationsdichte schädlich auf die australische Kleintierfauna aus. Von den Zuckerrohrplantagen im Nordosten haben sich die Tiere immer weiter nach Westen und Süden ausgebreitet und inzwischen längst die Grenzen von Queensland überschritten. Das Überra-schende dabei ist, dass die Ausbreitung immer schneller geschieht. Waren es in den 50er- und 60er-Jahren noch etwa 10 km pro Jahr, sind es heute bereits 50 km. Nun fanden Wissenschaftler heraus, dass die Tiere der in Ausbreitung befindlichen aus-tralischen Population deutlich längere Beine haben als die Kröten in ihrer Heimat Venezuela. Die Langbeiner werden in Australien offensichtlich begünstigt.
Und genauso überraschend: 2 Schlangenarten, die Grüne Baumnatter und die Rot-bäuchige Schwarzotter, haben in den 70 Jahren, seit es Aga-Kröten in Australien gibt, kleinere Köpfe und längere Körper entwickelt. Beides hilft im Kampf mit den Kröten: Durch den kleineren Kopf können nicht mehr so große Giftbrocken (Krö-ten) verschlungen werden, dass es für die Schlange tödlich wäre, und durch den längeren Körper verteilt sich das Gift auf eine größere Masse.

123

## Der Regenwald ist voll wilder Raubtiere

So allgemein kann man das sicher nicht sagen. Mit Ausnahme einiger besonders nährstoffreicher Regenwälder in Vulkangebieten sind Regenwälder sogar meist sehr nährstoffarm und damit auch individuenarm, insbesondere in Südamerika. Sie besitzen eine extrem hohe Artenfülle, die Populationen sind aber meist sehr klein (mit Ausnahme der Gliedertiere). Ganz besonders trifft dies für Säugetiere zu, etwa den Tiger Asiens und den Ozelot oder Jaguar Südamerikas, die nur in äußerst geringer Individuenzahl riesige Areale durchstreifen. Diese geringe Populationsdichte betrifft übrigens nicht nur die Raubtiere, sondern auch die anderen Großtiere wie Affen, Faultiere, Okapis oder Waldelefanten. Beim Gang durch einen Regenwald wird man deshalb nur selten einem Großtier begegnen.

## Der Regenwald ist ein undurchdringlicher Dschungel

Um es vorwegzusagen: Den undurchdringlichen Dschungel mit dichtem Pflanzenwuchs am Boden, Lianen und anderen Schlingpflanzen gibt es durchaus. Solche Lebensräume sind aber keine primären, d. h. vom Menschen unbeeinflusste Regenwälder. Diese zeichnen sich vielmehr durch einen typischen Stockwerkaufbau aus: Alles strebt zum Licht. Über der eigentlichen Baumschicht mit ihrem dichten Blätterdach und zahlreichen Aufsitzerpflanzen (Epiphyten) thronen noch besonders große Bäume, die Urwaldriesen. Unterhalb der Baumschicht gibt es dann die Schicht des Jungwuchses, der auf seine Chance wartet, sofort die Lücke zu schließen, sobald ein großer Baum fällt. Diese Stockwerke nehmen das Licht fast vollständig weg, sodass der Urwaldboden recht dunkel und die eigentliche Krautschicht sehr schwach entwickelt ist. Man kommt also in einem unberührten Urwald einigermaßen gut voran, da sich das Leben oben in den Kronen abspielt.

[unglaublich, aber wahr]

## Falter trinken Augen aus

Eine ungewöhnliche Art, den Flüssigkeits-, Eiweiß- und Salzbe-
darf zu decken, haben Forscher bei Nachtfaltern auf Neuseeland
entdeckt. Sie beobachteten, wie Schneckenspinner und eine verwandte Art der gleichen Familie sich nachts auf schlafenden Vögeln niederließen und ihren Rüssel im Augenschlitz des Vogels
versenkten, um die Tränenflüssigkeit aufzusaugen. Derartiges
Verhalten war zwar von Faltern bekannt, die an den Augen von
Säugetieren ihren Energie-Trunk einnehmen, bei den anatomisch
anders gebauten Vogelaugen wurde es aber erstmals beobachtet.
Ein Trinkvorgang kann dabei über eine halbe Stunde dauern,
während der der Vogel ungerührt weiterschläft.

## Die Nährstoffe am Amazonas kommen aus der Sahara

Der südamerikanische Regenwald ist
extrem nährstoffarm. Alles, was an
organischen Substanzen vorhanden
ist, ist im Stoffkreislauf, d. h. in den
Lebewesen, gebunden. Humus ist fast
nicht vorhanden; sobald die Nährstoffe frei gesetzt werden, werden sie
sofort wieder aufgenommen. Grund für
diesen extremen Mangel ist, dass die Böden keine Mineralsalze
enthalten. Von dort kann also nichts ersetzt werden. Das wenige,
das über die Gewässer weggeschwemmt wird, muss also von wo-
anders zugeführt werden. Und so unwahrscheinlich es klingt:
Man weiß heute, dass diese Nährstoffe aus der Sahara kommen.
Die globalen Windsysteme schaffen feinen Staub aus der Sahara
bis nach Südamerika, wo er abregnet und so dem Regenwald die
lebenswichtigen Mineralsalze zuführt.

125

## Wo Frösche Nester bauen

Regenwälder sind ein bevorzugter Lebensraum für Amphibien, also für Arten, die es wegen ihrer empfindlichen Haut stets möglichst feucht-warm haben müssen. In den Wipfeln der Bäume gibt es Froscharten, die kleinste Wasseransammlungen, etwa in Baumhöhlen oder Blatttrichtern, zur Entwicklung ihrer Kaulquappen nutzen. Andere bauen Schaumnester am Boden, in denen die Kaulquappen schlüpfen.

Eine andere Strategie verfolgt der Goliathfrosch: Die Männchen schieben im Flachwasserbereich von Flussläufen mit den Hinterbeinen kleine Wälle aus Steinen zusammen, um mit den entstehenden Mulden künstliche kleine Bruttümpel zu schaffen. In diesen »Nestern« laichen die Weibchen ab, und dort können sich die Kaulquappen optimal entwickeln. Die Goliathfrösche Kameruns sind übrigens die größten bekannten Froschlurche und werden bis 3,3 kg schwer und – vom Kopf bis zur Fußspitze – über 80 cm lang.

## Verständigung durch Infraschall

Im dichten Regenwald ist die Verständigung über größere Strecken schwierig. Offensichtlich durchdringen tieffrequente Töne die dichte Vegetation besser. Und genau das machen sich die bis 1,80 m großen Helmkasuare Papua-Neuguineas zunutze. Forscher haben herausgefunden, dass sich die flugunfähigen Vögel mit Infraschall-Lauten verständigen, die zwar für das menschliche Ohr kaum zu hören sind, jedoch ein Gefühl der Beunruhigung beim Menschen hervorrufen. Ähnliche Töne kennt man von Elefanten, bei denen eine Verständigung über eine Distanz von 10 km nachgewiesen wurde.

Die Helmkasuare besitzen – obwohl selbst nur Früchtefresser – übrigens eine gefährliche Waffe in Form ihrer dolchartigen Innenzehe, mit der sie ihre Opfer aufschlitzen und auch Menschen tödlich verletzen können. Manche Papua-Völker verwenden die fast gerade Kralle als Speerspitze.

## Der Flusspferd-Fisch

Madenhacker und Kuhreiher sind Vögel, die bei Landsäugern Parasiten aus der Haut ihrer Wirte picken, sich so ernähren und gleichzeitig die Säuger von ihren Plagegeistern befreien. Auch Flusspferde haben solche Helfer. Bei ihnen ist es aber ein Fisch. Gleich mehrere Exemplare des mit dem Karpfen verwandten *Labeo velifer* umschwimmen meist ein Flusspferd im Wasser. Sie besitzen ein Saugmaul, mit dem sie Algen, Schweißreste und andere Nahrungsstoffe abweiden. Zudem fressen sie von dem frisch abgesetzten und mit dem Schwanz verwirbelten Nilpferdkot, der noch wenig verdaut und deshalb nahrhaft ist. Natürlich nimmt ein Flusspferd an Land auch gern die Dienste eines Kuhreihers zur Insektendezimierung in Anspruch.

**[das stimmt so nicht]**

## Elefanten bekommen von vergorenen Früchten einen Rausch

Es wurde wiederholt beobachtet und auch in dem Film-Klassiker »Die lustige Welt der Tiere« gezeigt, dass Elefanten scheinbar orientierungslos durch die afrikanische Savanne torkeln. In solchen Fällen wurde berichtet, dass die Tiere vergorene

Früchte des Marula-Baumes gefressen und davon eine Art Schwips hätten. Diese Geschichte hat allerdings einen Haken. Derartige Früchte enthalten maximal 3 % Alkohol, und bei ihrer Körpermasse könnten Elefanten gar nicht so viel davon fressen (es müsste nämlich schon eine 400-fache Tagesration sein), um einen Rausch zu bekommen. Jetzt haben Wissenschaftler den wahren Grund für das merkwürdige Verhalten der Dickhäuter gefunden. Die Tiere fressen auch die Rinde des Marula-Baumes. Und in dieser stecken giftige Käferlarven und -puppen. Vernaschen die Elefanten zu viel von der Rinde, nehmen sie eine hohe Dosis des Giftes der Käfer zu sich. Davon werden sie leicht betäubt und torkeln entsprechend »trunken« durch die Landschaft.

127

# Gemäßigte Breiten

Als gemäßigte Breiten bezeichnet man allgemein die Klimazone zwischen dem subtropischen und dem subpolaren Bereich oder, anders ausgedrückt, zwischen den Wende- und den Polarkreisen. Charakteristisch sind ausgeprägte Jahreszeiten, meteorologisch gesehen liegen die größten Bereiche in der Westwindzone. Ansonsten sind die Verhältnisse sehr unterschiedlich, z. B. in Abhängigkeit von ozeanisch oder mehr kontinental geprägtem Klima.

**Ein reines Waldland** waren die gemäßigten Breiten ursprünglich, und zwar von den mediterranen Gebieten mit ihren Hartlaubwäldern über die Mischwälder Mitteleuropas bis hoch zur nordischen Taiga mit ausgedehnten Nadelwäldern. Erst der Mensch lichtete die Wälder zur uns heute bekannten Kulturlandschaft. Vielleicht beruhen auf dieser Vergangenheit mit den Wäldern noch immer die Ehrfurcht und Verbundenheit, die viele Menschen Bäumen gegenüber empfinden, wenn sie vor besonders alten und mächtigen Exemplaren stehen – seien es alte knorrige Ölbäume, riesige Eichen, Buchen oder auch Linden.

**Auch wenn die Waldflächen** in den gemäßigten Breiten durch die Tätigkeit des Menschen erheblich geschrumpft sind, bedeutete das für die Natur grundsätzlich kein Desaster. Ganz im Gegenteil: Die kleinbäuerliche Bewirtschaftung schuf eine Vielzahl neuer Lebensräume, seien es Streuwiesen, Wacholderheiden, Trockenrasen, Gebüschsäume oder Feldfluren mit ihren reichen Randstrukturen. Insgesamt nahm die Artenfülle in diesen Siedlungsräumen mit ihren vielfältigen Lebensmöglichkeiten für Tiere und Pflanzen erheblich zu.

**Erst die Durchsetzung** der modernen Hochleistungsland- und -forstwirtschaft kehrte diesen Trend um. Durch Verlust der Kleinstrukturen zugunsten immer größerer Flächen (Flurbereinigung), durch immer intensiveren Einsatz von Düngemitteln und Pestiziden sowie die Aufgabe alter traditioneller Nutzungsformen veröden unsere Landschaften zurzeit immer mehr. Das führt zu der paradoxen Situation, dass heute die Artenvielfalt in menschlichen Siedlungsräumen wie Städten und Dörfern im Allgemeinen höher ist als in der Feldflur. Die wenigen Naturschutzflächen dagegen bleiben zu klein, um ein echtes Gegengewicht zu bilden.

Von den rund 16.000 in den Roten Listen der Bundesrepublik verzeichneten Tieren sind 43 % in einer der Gefährdungskategorien (von ausgestorben bis extrem selten) aufgeführt. Von den 13.907 aufgelisteten Pflanzenarten sind es 40 %.

### [Schnellster Fresser]

Als das Tier, das am schnellsten eine Mahlzeit verdrücken kann, ist der nordamerikanische Sternmull in die Rekorde-Bücher eingegangen. Dieser Verwandte des Maulwurfs mit seinen sternförmigen Tasthaaren ums Maul schafft es, ein Beutetier in 230 Millisekunden zu ertasten, zu ergreifen und zu verschlucken. Das ist weniger als die Reaktionszeit, die ein Mensch braucht, um bei einer auf Rot schaltenden Ampel auf die Bremse zu treten.

### [Fruchtbare Säugetiere]

Die meisten Jungen pro Wurf hat unter den mitteleuropäischen Tieren das Hermelin mit durchschnittlich 10. Es wird noch übertroffen vom Madagassischen Borstenigel (25 Junge pro Wurf), Virginia-Nordopossum (22) und Goldhamster (11).

### [Älteste Kulturpflanze]

Um den Titel älteste Kulturpflanze der Welt streiten sich Hanf und Reis. Bei beiden liegen die ältesten Nachweise etwa 12.000 Jahre zurück. Aber auch die Hirse, deren Anbau seit prähistorischen Zeiten belegt ist, wird von vielen Autoren als ältestes Getreide der Welt angesehen.

### [Größter Brutvogel Deutschlands]

Als größter Brutvogel Deutschlands gilt seit 2005 der Nandu. Von diesem 1,5 m großen südamerikanischen straußenähnlichen Vogel entkamen vor etlichen Jahren einige Tiere aus einem privaten Gehege. Seither ist die Population in der Wakenitz-Niederung bei Lübeck auf über 50 Tiere angewachsen.

## [Flatterhaftes]

Der schnellste Horizontalflieger der gemäßigten Breiten ist der Mauersegler. Die Angaben schwanken, aber 150, manchmal sogar 200 km/h (bei Flugspielen) werden genannt. Unter den heimischen Entenvögeln ist der Mittelsäger mit 129 km/h am schnellsten.

Die schärfsten Augen haben die Greifvögel. Ein Wanderfalke kann eine Taube noch aus 8 km Entfernung erkennen.
Die meisten Eier enthält ein Rebhuhngelege; es wurden schon einmal 21 Stück gezählt.

## [Parasitisches]

Saitenwürmer, die in Heuschrecken oder anderen Gliedertieren leben, treiben ihr Opfer zum Selbstmord im Wasser. Sie manipulieren ihren Wirt zu diesem ungewöhnlichen Verhalten, um dann, sobald dieser im Wasser gelandet ist und stirbt, herauszuschlüpfen und ihre Entwicklung als Wurm im Wasser abzuschließen.

Der Getreidepilz *Giberella zeae* hält den Beschleunigungsrekord. Mit 870.000-facher Erdbeschleunigung bringt er seine Sporen auf eine Geschwindigkeit von 130 km/h. Das ist effektiver als ein Gewehr oder eine Kanone. Allerdings schießt er seine Munition, die Sporen, nur 5 mm weit, gerade so viel, dass sie in Regionen mit stärkerer Luftbewegung gelangen.

## [Rekorde der gemäßigten Breiten]

| | | |
|---|---|---|
| Schwerstes Landsäugetier | Bison | 1000 kg, 3,9 m |
| Schwerster Fleischfresser | Grizzlybär | 780 kg, 3 m |
| Kleinste Fledermaus | Kleine Hufeisennase | 5 g, 3,7 cm |
| Schnellstes Säugetier | Feldhase | 72 km/h |
| Schnellster Vogel | Wanderfalke | 250 km/h (im Sturzflug) |
| Schwerster flugfähiger Vogel | Großtrappe | 20,9 kg |
| Kleinster Vogel | Wintergoldhähnchen | 5–6 g |

## Wie viele Kartoffelsorten gibt es?

Diese Frage ist gar nicht leicht zu beantworten. In Deutschland sind zurzeit über 200 Sorten für den Handel mit Saatgut zugelassen. In der Kartoffelgenbank in Groß Lüsewitz bei Rostock lagern 2834 Kultursorten und Zuchtstämme. Hinzu kommen die wilden und kultivierten Arten aus Südamerika: etwa 150, von denen aber über 3000 genetische Varianten registriert sind. Alles zusammen ergibt das nahezu 6000 verschiedene Kartoffeltypen in vielen verschiedenen Farben.

## Warum werden Mäusen ihre Urin-Spuren zum Verhängnis?

Greifvögel haben deutlich bessere Augen als Säugetiere. Im Vergleich zum Adler beträgt die Sehschärfe des Menschen nur 52 %, die der Katze gar nur 7 %. Aber noch etwas zeichnet Greifvögelaugen aus: Sie besitzen neben Zapfen, das sind die farbempfindlichen Sehzellen, für Rot, Grün und Blau, wie sie auch der Mensch hat, zusätzlich solche für Ultraviolett. Damit können z. B. Falken und Bussarde die Spuren von Mäuse-Urin wahrnehmen, denn der ist kräftig UV-farben. Die Beutegreifer erkennen also aus der Luft, wo viele Mäuse leben und auf welchen Pfaden sie sich vorwiegend aufhalten, und können dadurch im Vorfeld entscheiden, wo es sich besonders lohnt, nach Beute auszuspähen.

Ihre UV-empfindlichen Augen bringen Vögeln übrigens auch auf ganz anderem Gebiet Vorteile. So weisen z. B. Männchen und Weibchen von Blaumeisen oder Staren im UV-Bereich differierende Merkmale in der Gefiederzeichnung auf. Die Geschlechter, die für Menschen gleich aussehen, unterscheiden sich in Vogelaugen also recht deutlich.

132

# Quiz für Schnelldenker

**1 Welche Vögel brüten in Mitteleuropa?**
a) Seidenschwanz
b) Papageitaucher
c) Schwarzstorch

**2 Was sind Färsen?**
a) Teile des Fußes
b) Kühe, die noch keine Milch geben
c) weibliche Wildsäue

**3 Welche Arten haben bei uns stabile Freilandpopulationen?**
a) Waschbär
b) Braunbär
c) Biber

**3** Der Biber ist zum Glück nicht mehr gefährdet, und seine Bestände erholen sich fast überall. Auch vom Waschbär, einem Neubürger aus Amerika, gibt es in vielen Regionen wachsende Bestände, ja teilweise wird er geradezu zur Plage – etwa im Hessischen. Von einer stabilen Population des Braunbären kann bei uns (Deutschland, Österreich, Schweiz) dagegen keinesfalls die Rede sein. Abgesehen von einem Tier im Frühjahr 2006 in Süddeutschland werden lediglich in Österreich in wenigen Gebieten vereinzelt Bären gesichtet, die weit umherwandern. Insbesondere aus Slowenien kommen immer wieder Bären dazu. Der Gesamtbestand wird auf etwa 30 Tiere geschätzt.

**2** Der Teil des Fußes heißt übrigens Ferse und die weibliche Wildsau Bache.

Zu den modernen Legenden über die Landwirtschaft gehört, dass die Milchkuh eine spezielle Züchtung sei, die permanent und einfach so Milch gibt. In Wahrheit ist lediglich die Menge der Milch, die so genannte Milchleistung, ein Züchtungserfolg. Ansonsten funktioniert die »Biologie« wie zu Urgroßvaters Zeiten: Eine junge Kuh, die so genannte Färse, wird besamt (heute meistens künstlich). Mit der Geburt des Kalbes schießt die Milch ins Euter ein. Nach dem Abstillen (heute meist sehr früh) wird durch ständigen Melkreiz ein Hormonstatus wie nach der Geburt aufrecht erhalten. Die Kuh gibt noch längere Zeit (meist ca. 1 Jahr) Milch. Um die nachlassende Milchleistung wieder zu heben, muss die Kuh erneut trächtig werden.

**1** Von den genannten Arten brütet lediglich der Schwarzstorch in Mitteleuropa, wo er auch im Osten und Norden von Deutschland einzelne Brutvorkommen hat. Der Seidenschwanz ist Brutvogel in Taigawäldern Nordeuropas und Asiens. Er kommt in manchen Jahren als Wintergast nach Mitteleuropa. Der Papageitaucher ist Brutvogel an Felsklippen Nord- und Westeuropas und seltener Gast an den Küsten Mitteleuropas.

## Urwälder in Mitteleuropa auf dem Vormarsch

Es ist richtig: Echte Urwälder, also Wälder, die noch nie vom Menschen forstwirtschaftlich genutzt wurden, gibt es in Mitteleuropa kaum noch. Für Deutschland ist ein Waldgebiet auf der Ostseeinsel Vilm bei Rügen, das seit über 400 Jahren nicht mehr genutzt wird, eines der ganz wenigen Beispiele, die der Definition einigermaßen gerecht werden. Aber es entstehen an vielen Stellen so genannte Urwälder von morgen. Das sind Waldgebiete, die zum Teil seit Jahrzehnten aus der Nutzung ausgenommen wurden und in denen sich die Natur völlig ungestört entwickeln kann. Solche Urwaldzellen gibt es inzwischen in 12 Nationalparks sowie 11 Biosphärenreservaten auf insgesamt 50.000 Hektar Fläche. Hinzu kommen etwa 680 Naturwaldreservate mit 25 000 Hektar Fläche. Zugegeben, die Gebiete sind klein und machen nicht einmal 1 % der 10 Millionen Hektar deutscher Wälder aus. Aber die Tendenzen in den letzten Jahrzehnten sind eindeutig positiv.

## Rund 1640 Käferarten leben im Totholz

Seit wir in Deutschland die geregelte, gewinnorientierte Forstwirtschaft haben, wird Totholz, das sind absterbende bzw. abgestorbene Bäume oder Baumteile, konsequent aus den Wäldern entfernt – vorgeblich, um die Ausbreitung von Forstschädlingen wie Borkenkäfern zu verhindern. Dabei spielt Totholz eine immens wichtige Rolle im Naturhaushalt. Nicht nur als Bruthöhle für zahllose Vögel, Fledermäuse und Säugetiere, auch zahllose heute seltene Pilze wachsen auf Totholz, und für viele Insekten und andere Gliedertiere ist es unverzichtbares Substrat. So sind rund 1 Viertel der 6537 in Deutschland nachgewiesenen Käferarten auf Totholz angewiesen, darunter so prominente Vertreter wie Hirschkäfer, Eichenbock und verschiedene Rosenkäfer. Der von den Tieren aufbereitete Holzmulm ist dann übrigens ein hervorragendes Keimbett für den Jungwuchs von Bäumen.

## Wie man aus Sch... Nahrung macht

Eine recht ungewöhnliche Methode des Nahrungserwerbs hat der amerikanische Kaninchenkauz entwickelt. Diese Eule drapiert Kot verschiedener Säugetiere um den Eingang ihrer unterirdischen Nesthöhle. Durch den Gestank werden Kotkäfer angelockt – und die wiederum sind die Lieblingsspeise des Kaninchenkauzes. Sobald die Käfer sich über die ausgelegten Kotballen hermachen wollen, werden sie von der cleveren Eule, die unbeweglich vor ihrem Erdnest ausharrt, erbeutet.

## Effiziente Kotschleuder

Die Raupen des Dickkopffalters *Epargyreus clarus* sitzen in einem Versteck, das sie aus einem Blatt mit Seidenfäden zusammenspinnen. Ihre Kotpillen schießen sie mit hohem Druck bis 1,5 m weit weg, das entspricht etwa dem 40-fachen ihrer Körperlänge. Amerikanische Wissenschaftler haben nun herausgefunden, warum die Raupen diesen Aufwand betreiben. Der Geruch des Kotes kann Räuber und Parasiten anlocken, weswegen es überlebenswichtig ist, ihn so weit wie möglich wegzuspritzen. Aus der schützenden Behausung zur Kotabgabe herauszukommen, wäre keine Alternative, da zu gefährlich.
Das Problem mit verräterischem Kot haben übrigens auch viele andere Tiere. Singvögel tragen deshalb den Kot ihrer Jungen weit vom Nest weg.

## Bernsteinschnecken lassen sich von Vögeln ihre Fühler abpicken

Manchmal kann man bei den in Feuchtgebieten vorkommenden Bernsteinschnecken beobachten, dass ein oder beide Fühler keulenförmig dick angeschwollen und auffällig farbig geringelt sind. Dazu pulsieren sie noch rhythmisch, sodass Vögel leicht aufmerksam werden und nach dem »nahrhaften Würmchen« picken. Allerdings bietet genau genommen nicht die Schnecke in einem Anfall von Selbstverstümmelung ihre Körperteile zum Fraße an. Vielmehr ist sie von einem parasitischen Saugwurm befallen, mit dem sie sich im Wasser infiziert hat. Dieser manipuliert das Verhalten, weil sein Entwicklungszyklus einen Vogel als Wirt einschließt. Und in den gelangt der Saugwurm mit dem abgepickten Fühler.

## Hohe Artenvielfalt senkt Borreliose-Risiko

Die Gefahr durch einen Zeckenbiss an der gefährlichen Borreliose zu erkranken, hat in vielen Gebieten in den letzten Jahren zugenommen. Eine interessante Theorie haben jetzt amerikanische Wissenschaftler für die USA bestätigt. Dort infizieren sich Zecken insbesondere beim Saugen an Weißfußmäusen mit dem Erreger, den sie dann beim nächsten Befall an einen Menschen weitergeben können. Wenn nun zahlreiche andere Tiere als potenzielle Wirte für die Zecken zur Verfügung stehen, die keine Borreliose-Erreger im Blut tragen (in den USA waren das Eichhörnchen, Streifenhörnchen, Waschbären und Opossums), sollten sich Zecken auch seltener mit Borreliose-Keimen infizieren. Genau das konnte bestätigt werden. In Gebieten mit hoher Artenzahl waren prozentual weit weniger Zecken infiziert, das Risiko für Menschen, an einem einzelnen Zeckenstich zu erkranken, ist dort also entsprechend geringer. Derartige Zusammenhänge könnten auch in Europa existieren.

## Neue Säugetierarten entdeckt

Dass viele meist kleinere Tierarten noch nicht wissenschaftlich beschrieben sind, dürfte heute allgemein bekannt sein. Aber dass hierzu offensichtlich auch durchaus größere Säugetiere zählen, ist vielleicht weniger bekannt. So stießen 2004 Wissenschaftler aus Münster in Bolivien auf eine neue Meerschweinchenart. Das Besondere der etwa 22 cm großen Münsterschen Meerschweinchen ist, dass sie im Gegensatz zu anderen Arten ihrer Verwandtschaft streng monogam leben. Und im Jahr darauf entdeckten Forscher in Laos eine neue Nagetierart. Da die etwa 40 cm lange Felsratte aussieht wie eine Kreuzung aus Eichhörnchen und Ratte, wurde sogar eine neue Familie für das ungewöhnliche Tier begründet.

## Wildschweine kommen vermehrt in die Siedlungsbereiche

Wildschweine sind in jeder Beziehung auf dem Vormarsch. Ihre Populationsdichte steigt gewaltig – die Jagdstrecke hat sich in den letzten 6 Jahrzehnten im Schnitt verzwanzigfacht, in Baden-Württemberg etwa verhundertfacht –, sie verlieren ihre Scheu und werden immer öfter in Dörfern und Städten gesehen. Dabei können sie in Feldflur und Gärten erhebliche Schäden anrichten. Neu ist dabei, dass Wildschweine in den letzten Jahren plünderderweise immer weiter in den menschlichen Siedlungsbereich vordringen. Belegt sind ihre Wühlarbeiten auf Sportplätzen (z. B. in Berlin) und in Vorgärten (z. B. in Frankfurt). Nicht einmal Plastiktüten an Badeseen sind vor ihnen sicher, und in einem Getränkemarkt hat auch schon mal ein angefahrenes Wildschwein gewütet (in Offenbach).

## Was ist Superfötation?

Als Superfötation bezeichnet man eine erneute Trächtigkeit eines Säugetieres, bevor die alten Föten geboren wurden. Sie kommt beispielsweise beim Feldhasen vor. Im Uterus einer Feldhäsin können sich also Embryonen unterschiedlichen Alters und Entwicklungsgrades befinden. So ist die Häsin in der Lage, in kürzerer Zeit einen Wurf abzusetzen, als es der normalen Trächtigkeitszeit von etwa 42 Tagen entspricht. Das ist vor allem deshalb möglich, weil die jungen Häschen sehr schnell – nach 3–4 Wochen – selbstständig sind, und zudem wichtig für das Überleben der Art, weil die Verluste sehr hoch sind. Auf die beschriebene Weise können die Häsinnen zwischen März und September bis zu 4 Würfe großziehen, im Allgemeinen mit je 2–3 Jungen (selten 1, bis maximal 6).

## Wie viele Blattläuse verzehrt eine Marienkäferlarve?

Marienkäfer und ihre Larven sind als Fressfeinde von Blattläusen wichtige Helfer des Gärtners. Die Larve eines Marienkäfers verzehrt im 3. Stadium 40 Blattläuse pro Stunde, während ihrer gesamten Entwicklung bis zu 15.000 Blattläuse. Und ein Marienkäfer-Weibchen kann bis zu 800 Eier legen. Marienkäfer können daher – gemeinsam mit anderen Arten – Massenvermehrungen von Blattläusen entgegenwirken.

138

# Quiz für Schnelldenker

**1 Was ist ein Elaiosom?**
a) ein bestimmter Abschnitt auf einem Chromosom
b) eine Organelle (Art von Organ) zur Energiegewinnung in Pflanzenzellen
c) ein bestimmter Teil verschiedener Samen und Früchte

**2 Was kennt Bordercollie Rico?**
a) über 200 Stofftiere mit Namen
b) über 200 Autotypen
c) über 200 Dosenfutter-Sorten am Geruch

**3 Wozu sollen Wespen vom Militär eingesetzt werden?**
a) zum Stechangriff auf den Gegner
b) zum Aufspüren von Landminen
c) zur Irritation von Radar-Ortung

---

**3** Wespen haben sehr empfindliche Geruchssinnesorgane auf ihren Fühlern, und es gelingt relativ leicht, sie auf einen bestimmten Stoff zu trainieren, wenn man sie gleichzeitig dem entsprechenden Duftstoff aussetzt und ihnen Zuckerwasser anbietet. Sie verbinden dann den Geruchsstoff mit dem Signal für Nahrung und sind zukünftig bestrebt, diesen aktiv aufzuspüren. Auf diese Weise kann man sie beispielsweise auf die Sprengstoff-Chemikalie Cyclohexanol trainieren. Mit Sensoren könnten dann ihre Flugbahnen verfolgt und eventuelle Landminen geortet werden. Das Verfahren funktioniert allerdings nur in einem Umkreis von ca. 30 m und bei schönem Wetter (weil sonst die Wespen nicht fliegen). Wegen ihrer sehr kurzen Trainingszeit und der deutlich höheren Empfindlichkeit wären die Wespen dennoch einem Sprengstoffhund überlegen, der mehrere Jahre Ausbildung benötigt.

**2** Menschen, die »Wetten, dass . . .« regelmäßig sehen, werden sich sicher an Rico erinnern. Der Bordercollie konnte aus über 200 Stofftieren bei Nennung des Namens gezielt das richtige heraussuchen. Wissenschaftler haben inzwischen das Phänomen untersucht. Rico hat tatsächlich ein überaus hohes Sprachverständnis, das etwa dem eines 3-jährigen entspricht. Das zeigt sich darin, dass er ein fremdes Stofftier findet, dessen Namen er nie vorher gehört hat, wenn man es zusätzlich zu ihm bekannten Objekten dazustellt. Er verbindet den unbekannten Namen mit dem unbekannten Stofftier.

**1** Als Elaiosom bezeichnet man Anhängsel an Früchten, die von Ameisen verbreitet werden. Sie enthalten Lock- und Nährstoffe, weshalb die Ameisen die Anhängsel gern fressen, dabei die Samen aufnehmen und verschleppen. Elaiosomen sitzen z. B. an den Samen von Veilchen, Schöllkraut und Schneeglöckchen sowie den Früchten von Buschwindröschen und Leberblümchen.

**139**

## Die Kastanie ist ein heimischer Baum

Viele der uns heute vertrauten Arten sind erst vor gar nicht allzu langer Zeit zu uns gekommen. Dazu gehört auch die als »Biergartenbaum« nicht mehr wegzudenkende Rosskastanie. Sie stammt ursprünglich von der Balkan-Halbinsel und gelangte im 16. Jahrhundert nach Mitteleuropa. Gleiches gilt z. B. für Flieder, Hyazinthe und Tulpe. Viele, ja eigentlich kann man sagen die meisten der uns heute vertrauten Gartenpflanzen kamen aus fremden Regionen zu uns – als weitere Beispiele seien Pfingstrose (Südalpen), Stockrose (wahrscheinlich Westasien), Sommerflieder (Himalaya-Region) und Bartnelke (Südeuropa) genannt.

Noch tiefgreifender als die Gärten haben sich freilich die Essgewohnheiten gewandelt, seit in den Zeiten der großen Seefahrer immer mehr exotische Pflanzen nach Europa gebracht wurden. Die Kartoffel und Tomate aus Südamerika sind hier nur die bekanntesten Beispiele. Aber auch Kakao (Südamerika) und Schokolade – sie ist erst eine Erfindung des späten 19. Jahrhunderts –, Mais (Amerika), Vanille (Mittelamerika) oder Paprika (Mittelamerika) waren im Mittelalter in Europa noch unbekannt.

## Regenwürmer sind nicht immer nützlich

Regenwürmer haben im Allgemeinen ein positives Image, da sie als bedeutsam für die Bodenaufbesserung angesehen werden. Das muss aber nicht überall so sein. In nordamerikanischen Wäldern in Minnesota, im Grenzgebiet zwischen den USA und Kanada, fehlen Regenwürmer von Natur aus weitgehend. Die Laubstreu wird dadurch viel langsamer aufgearbeitet und sammelt sich zu besonderer Mächtigkeit. Daran wiederum haben sich viele Pflanzen- und Tierarten angepasst. Die neuen Siedler brachten nun europäische Regenwürmer in die seit 12.000 Jahren wurmfreien Regionen, insbesondere aber trugen Angler durch ihre freigelassenen Wurmköder zu deren Verbreitung bei. In der Folge sind bereits etliche Pflanzenarten wie die Nickende Waldlilie, der Koboldfarn oder die Trauerglocke selten geworden, aber auch einige Tiere wie der Pieperwaldsänger oder kleine Wühlmäuse. All diese Arten leiden darunter, dass die Laubstreu von den europäischen Regenwürmern rasant abgebaut wird, die Nährstoffe nicht mehr kontinuierlich zur Verfügung stehen und der Boden schneller austrocknet. Dass der Abbau – anders als in Europa – in solchem Tempo passiert, liegt daran, dass die Blätter des besonders häufigen Zucker-ahorns wesentlich leichter für die Würmer verdaulich sind als beispielsweise die härteren Buchenblätter europäischer Wälder.

**[unglaublich, aber wahr]**

## Ratte überlebt 14 Wochen lang »High-Tech-Fangversuche«

Von Menschen eingeschleppte Ratten, aber auch Hunde, Katzen, Kaninchen usw. können auf abgelegenen Inseln erhebliche Schäden an der dort heimischen Tierwelt anrichten. Deshalb werden immer wieder Ausrottungsprogramme initiiert. Kürzlich wollten Wissenschaftler auf einer Insel vor Neuseeland testen, wie es am besten gelingen kann, ein einzelnes Individuum wieder einzufangen. Sie versahen eine Ratte mit einem Sender, entnahmen eine DNA-Probe (um die Ratte später eindeutig identifizieren zu können) und setzten sie auf einem 9,5 Hektar großen Eiland aus. Aber obwohl sie wussten, wo ungefähr sich das Tier aufhielt, blieben alle Versuche erfolglos, die Ratte zu fangen – egal ob mit Lebend-, Gift- oder Schnapp-fallen, mit Ködern oder mit Suchhunden. Nach 10 Wochen schwamm die Ratte sogar 400 m weit auf eine benachbarte Insel. Auch dort gelang es erst nach weiteren 4 Wochen, sie mittels einer Köderfalle mit Pinguinfleisch zu erlegen. Das Experiment zeigt eindringlich, wie schwer es ist, einmal entkommene Tiere wieder einzufangen.

## Die Ranghöchsten haben den größten Fortpflanzungserfolg

Allgemein wird davon ausgegangen, dass ranghohe Tiere die »fittesten« sind und damit auch stets die meisten Nachkommen haben. Das muss aber nicht immer so sein, wie in verschiedenen Populationen bereits nachgewiesen wurde. In einer Dohlenkolonie in den Niederlanden beispielsweise haben die 5 ranghöchsten Paare lediglich halb so viele Junge großgezogen wie die 5 rangniedrigsten. Dies erklären die Forscher mit der großen Populations-dichte. Die Nester stehen in der Kolonie so eng beieinander, dass es immer wieder zu Streitigkeiten kommt. Das schwächt insbesondere die ranghohen Tiere. Der Testosterongehalt im Blut nimmt zu, die Brutfürsorge im gleichen Maße ab. Auch sind die Weibchen schwächer, legen kleinere Eier, aus denen dann leichtere Küken schlüpfen, die in der Nestlingszeit häufiger sterben. In anderen Kolonien der Dohle mit größerem Nestabstand entsprechen die Verhältnisse allerdings den Erwartungen, dass die Ranghöchsten die meisten Nachkommen haben.

## Braunbären täuschen Liebe vor

Braunbären sind aggressive Väter. Es ist nichts Ungewöhnliches, dass sie Junge töten, die nicht von ihnen stammen. Um ihre eigenen Jungen zu schützen, greifen Braunbärenmütter deshalb zu einem Trick. Sie verpaaren sich mit möglichst vielen Männchen ihrer Umgebung, offensichtlich um allen Verehrern das Gefühl zu geben, sie könnten der Vater des späteren Nach-wuchses sein. Dabei spielen die Mütter ein listiges Spiel. Sie können nämlich den Zeitpunkt des Eisprungs kontrollieren. Forscher gehen deshalb davon aus, dass sie es so steuern, dass sie den Nachwuchs mit ihrem Wunschpartner haben, und alle anderen »Väter« die bewusst Getäuschten sind.

## Saubere Luft mindert Rapsernte

Manchmal entdecken Wissenschaftler höchst ungewöhnliche Zusammenhänge. So haben sie herausgefunden, dass durch die bessere Luftqualität die Blüten des Raps' nicht mehr so intensiv gelb und auch kleiner sind. Das liegt daran, dass wegen der besseren Entschwefelung von Abgasen nicht mehr so viel freier Schwefel zur Verfügung steht, den aber benötigen die Pflanzen, um Eiweiße und Senföle zu produzieren, die gleichzeitig für das intensive Gelb verantwortlich sind. Dieser Gelbton wiederum macht die Blüten für Bienen attraktiv, sodass beim Verblassen der Blüten der Bienenbesuch und damit sowohl Fruchtansatz als auch Nektarernte sinken.

Bleibt die Frage, warum vor der Industrialisierung der Raps kräftig gelbe Blüten hatte. Die Antwort: Bei der Wildform besaß eine Einzelpflanze viel weniger Blüten, sodass der zur Verfügung stehende geringere Schwefelgehalt durchaus ausreichte, um ein kräftiges Gelb zu produzieren.

## Ohne Wölfe weniger Singvögel

Die Beziehungen zwischen den Arten in einem Ökosystem sind sehr komplex; hinsichtlich der Ernährung spricht man von Nahrungsketten oder – genauer – Nahrungsnetzen. Aber neben den Räuber-Beute-Beziehungen beeinflussen noch andere Wirkungsketten das Vorkommen von Arten. So hat man im Banff-Nationalpark in den kanadischen Rocky Mountains herausgefunden, warum die Singvogeldichte in einem Gebiet sinkt, wenn keine Wölfe vorhanden sind: Fehlen die Wölfe, steigt die Zahl der Wapiti-Hirsche. Diese verbeißen die Weiden und Pappeln in Gewässernähe, sodass viele Bäume absterben. Dadurch fehlen den Singvögeln Nistmöglichkeiten, und ihre Zahl nimmt ab.

# Arktis und Antarktis

Die Arktis und die Antarktis – die faszinierenden Gebiete jenseits des nördlichen und südlichen Polarkreises – gehören zu den extremsten Lebensräumen unserer Erde überhaupt. An den beiden »Enden der Welt« bestimmen Eis und Schnee und klirrende Kälte das Erscheinungsbild. An den Polen gibt es auch keine richtigen Jahreszeiten mit Frühling, Sommer Herbst und Winter, wie wir das aus Europa kennen. Ein kurzer Polarsommer, in dem die Sonne niemals untergeht, wird hier von einem langen dunklen Polarwinter abgelöst.

**Und dennoch bieten** die eigentlich so lebensfeindlichen Polargebiete Lebensraum für viele Tiere und Pflanzen. Über viele Millionen Jahre haben sie sich zum Teil exzellent an das kalte Leben in der ewigen Kälte angepasst. In der Arktis sind es neben einigen Blütenpflanzen vor allem Moose, Flechten und Algen, die dicht am Boden zusammengedrängt versuchen, den eisigen Winden zu trotzen. Herrscher der Arktis ist das größte Landraubtier der Welt, der gewaltige Eisbär, der hier auf Robbenjagd geht, aber auch Polarfuchs und Polarhase sagen sich am nördlichen Polarkreis gute Nacht.

**Der Südpol dagegen** ist Pinguinland. Die gefiederten Frackträger sind, neben den ebenfalls zahlreich vertretenen Robbenarten, hier klar die dominierende Spezies. Die meisten Pflanzen und Tiere trifft man in der Antarktis jedoch nicht an Land, sondern im Wasser an, da das kalte Polarmeer reich an Sauerstoff und Mineralstoffen ist und so günstige Entwicklungsmöglichkeiten für das Plankton – mikroskopisch kleine Pflanzen und Tiere – bietet. Das Plankton wiederum ist die Nahrungsgrundlage für viele Bewohner des südlichen Eismeeres wie z. B. Fische oder aber die zahlreichen Walarten, die hier vorkommen.

**Vor der eisigen Kälte** schützen sich Eisbären, Robben, und Wale mit einem dichten Fell bzw. einer dicken Fettschicht. Fische dagegen, denen eine solche Speckschicht fehlt, haben eine Art Frostschutzmittel, damit sie im lausig kalten Wasser der Polargebiete nicht jämmerlich erfrieren: So genannte Anti-Frost-Glykoproteine im Blut verhindern die Bildung von Eis innerhalb des Körpers und senken den Gefrierpunkt der Fische unter den der umgebenden Wassertemperatur.

Obwohl man es ihnen überhaupt nicht zutraut, sind Eisbären ganz ausgezeichnete Schwimmer. So wurden schon Eisbären beobachtet, die Strecken von 100 km und mehr schwimmend zurückgelegt haben.

## [Heiß und kalt]

Die höchste Temperatur auf dem antarktischen Kontinent wurde 1974 mit 14,6 °C in einer britischen Forschungsstation an der »Hope Bay« gemessen. Am Südpol direkt kletterte das Thermometer in der jüngeren Erdgeschichte jedoch noch nie über 0 °C. Der absolute »Hitzerekord« liegt hier bei 1978 registrierten –13,6 °C.

Die tiefste Temperatur in der Antarktis wurde 1983 mit –88,3 °C in der russischen Forschungsstation »Wostok« gemessen.

Die tiefste Temperatur in der Arktis wurde im russischen Oimjakon mit –77,8 °C registriert.

## [Berge und Täler aus Eis]

Der höchste Berg der Antarktis ist der Mount Vinson mit 5140 m, der 1966 von einer amerikanischen Bergsteigergruppe erstmals bestiegen wurde.

Der tiefste Punkt ist mit 2538 m unter dem Meeresspiegel der unter dem Eis liegende Bentley-Graben im Ostteil der Antarktis.

Der größte Eisberg wurde 1956 vom amerikanischen Eisbrecher USS Glacier im Südpolarmeer entdeckt: Er war 335 km lang und 97 km breit. Mit seiner Fläche von 31.000 km² war er damit größer als Belgien.

Der bekannteste Eisberg war sehr wahrscheinlich das rund 300.000 Tonnen schwere Eisgebilde, das 1912 nach einer Kollision den vorher für unsinkbar gehaltenen Luxusliner Titanic auf den Grund des Meeres schickte. Bei dieser Katastrophe kamen 1505 Menschen ums Leben.

## [Entdecker, Forscher, Abenteurer]

Den Südpol erreichte als erster Mensch der norwegische Polarforscher Roald Amundsen (1872–1928) am 15. Dezember 1911. Am 6. April 1909 erfüllte sich der Amerikaner Robert E. Peary einen langgehegten Traum und erreichte als erster Mensch den Nordpol.

Die USS Nautilus, das erste U-Boot der Welt mit Nuklearantrieb, war auch das erste U-Boot, das 1958 unter dem Nordpol durchfuhr.

Der erste Mensch, der den Südpol überflog, war 1929 der Amerikaner Richard Evelyn Byrd.

Als erste Menschen durchquerten 1993 die beiden Briten Sir Ranulph Fiennes und Dr. Mike Stroud den antarktischen Kontinent mit selbst gezogenen Schlitten und ohne logistische Unterstützung von außen. Für 2380 km benötigten sie 95 Tage.

## [Rekordtiere in der Kälte]

An den Polen sind einige sehr große Tiere zu Hause. So lebt in der Antarktis das größte Tier der Welt, der vor dem Aussterben bedrohte Blauwal, während am entgegengesetzten Ende der Erdkugel das größte Landraubtier der Welt, der Eisbär, durch die unwirtliche Welt der Arktis streift.

| | | | |
|---|---|---|---|
| Größtes Tier | Blauwal | Antarktis | 30 m, 200 Tonnen |
| Größte Robbe | Südlicher Seeelefant | Antarktis | 7 m, 3500 kg |
| Größtes Landraubtier | Eisbär | Arktis | 3 m, 650 kg |
| Größtes Huftier | Moschusochse | Arktis | 2,5 m, bis 400 kg |
| Größter Pinguin | Kaiserpinguin | Antarktis | 1,20 m, 50 kg |

# Wem gehört die Antarktis?

Da ist gar nicht so einfach zu beantworten, denn gleich 7 Länder – Argentinien, Australien, Chile, Frankreich, Neuseeland, Norwegen und Großbritannien – erheben Anspruch auf zumindest Teilgebiete der Antarktis. Aber diese Staaten wissen auch, dass eine Durchsetzung derartiger Ansprüche schlichtweg unrealistisch ist. So beschlossen die sich streitenden Länder, ihre Hoheitsansprüche zunächst im wahrsten Sinne des Wortes »auf Eis zu legen«. Im so genannten Antarktisvertrag von 1959 einigte man sich, jegliche Territorialansprüche ruhen zu lassen und auf die wirtschaftliche Ausbeutung oder militärische Nutzung zu verzichten und den eisigen Kontinent stattdessen gemeinsam zu erforschen. Bis 1996 haben insgesamt 43 Staaten, darunter auch die Bundesrepublik Deutschland, den Antarktisvertrag anerkannt.

# Warum haben Weddell-Robben von allen Robbenarten die kürzeste Lebenserwartung?

Die antarktischen Weddellrobben ziehen im frühen Winter nicht wie andere Robbenarten nach Norden, sondern bleiben im permanenten Packeis. Vor den bitterkalten Winterstürmen suchen sie dabei immer wieder im Wasser unter der Eisschicht Zuflucht. Es ist daher absolut lebensnotwendig für sie, dass ihre Atemlöcher offen bleiben. Dies erreichen die Robben dadurch, dass sie die zufrierenden Ränder der Eislöcher ständig mit ihren Eckzähnen benagen. Leider nutzen sich ihre Zähne dabei sehr rasch ab, und zahnlose Robben sind eben nicht mehr in der Lage, Beute zu machen, und müssen deshalb verhungern. Aus diesem Grund haben die Weddell-Robben die geringste Lebenserwartung aller Robbenarten.

# Quiz für Schnelldenker

**1 Wie viel Prozent der Süßwasservorräte sind im Eis der Antarktis gespeichert?**
a) 30 %
b) 50 %
c) 90 %

**2 Warum haben Eisbären eine blaue Zunge?**
a) Sie fressen sehr oft Heidelbeeren.
b) Die Zunge ist stark durchblutet.
c) Die Zunge ist stark pigmentiert.

**3 Warum kann man in der Antarktis im Winter keine Schneemänner bauen?**
a) Der Schnee ist zu trocken.
b) Es gibt in der Antarktis nur Eis, aber keinen Schnee.
c) Es ist durch ein Umweltgesetz verboten.

3 Der Schnee ist im Winter in der Antarktis so trocken und fein, dass man noch nicht einmal einen Schneeball formen kann. Im Sommer jedoch machen die Strahlen der Sonne den Schnee nass und schwer. Dann kann man einen Schneemann bauen.

2 Dass Eisbären eine blaue Zunge haben, ist gleich auf 2 Ursachen zurückzuführen: Eisbären haben unter ihrem weißen Pelz eine stark pigmentierte, schwarze Haut. Die hohlen, durchsichtigen Pelzhaare leiten die Sonnenwärme auf die tiefschwarze Haut, die viel mehr Sonnenwärme aufnehmen kann als eine helle Haut. Sogar die Schleimhäute der Zunge der Riesen der Arktis sind pigmentiert, was sie blau aussehen lässt. Gleichzeitig ist der Pelz der Eisbären so gut isoliert, dass kaum Körperwärme nach außen dringt. Kommt ein Eisbär z. B. bei einer anstrengenden Jagd ins Schwitzen, muss er deshalb hecheln wie ein Hund, um über seine Zunge etwas Wärme abzugeben. Dann erscheint die Zunge blau, weil sie so gut durchblutet ist.

1 In der Antarktis liegt das größte Trinkwasserreservoir der Erde, denn in der gewaltigen Eisdecke sind über 90 % der weltweiten Süßwasservorräte in gefrorener Form gespeichert. Meeresforscher haben errechnet, dass der Meeresspiegel um rund 66 m ansteigen würde, wenn das Eis der Antarktis komplett schmelzen würde. Schon ein Anstieg um »nur« 2 m würde übrigens ausreichen, um eine Küstenstadt wie New York vollständig zu überfluten.

149

## Killerwale können auch Möwen erbeuten

Seit dem Hollywood-Erfolgsfilm »Free Willy« mit dem Killerwal Keiko in der Hauptrolle und der Entdeckung der weiß-schwarzen Meeressäuger durch die Plüschtierindustrie ist das Image von Orcas oder Killerwalen etwas in die Schieflage geraten. Denn die äußerst effizienten Räuber tragen ihren Namen doch nicht ganz zu Unrecht. Was hat man nicht schon alles in ihren Mägen gefunden: Fische, Tintenfische, Robben, andere Walarten, Pinguine, Eisbären und sogar einen ausgewachsenen Elch. Und jetzt haben die intelligenten Meeressäuger, die bei Wissenschaftlern schon seit langem für ihre ausgeklügelten Jagdstrategien bekannt sind, auch herausgefunden, wie man mit einem besonders raffinierten Trick Möwen erbeuten kann. Sie locken die Vögel an, indem sie erbrochenen Fisch auf die Wasseroberfläche spucken. Sobald dann eine Möwe die vermeintliche Beute packen will, wird sie vom dicht unter der Wasseroberfläche im Hinterhalt liegenden Killerwal verschlungen.

## Das härteste Schlittenhunderennen der Welt geht über 1600 km

Das härteste Schlittenhunderennen der Welt ist der seit 1984 durchgeführte so genannte Yukon Quest. Dieses Langstreckenrennen führt von Jahr zu Jahr abwechselnd vom kanadischen Whitehorse nach Fairbanks im US-Bundesstaat Alaska und umgekehrt. Den Teams wird dabei alles abverlangt: Auf einer Strecke von 1600 km müssen nicht nur steile Berge, vereiste Flussufer und oft hüfthoher Schnee überwunden, sondern auch Schneestürme und Temperaturen von bis zu –50 °C ertragen werden. Zusätzlich macht den Teilnehmern natürlich auch die Müdigkeit bei dieser gewaltigen Ausdauerleistung für Mensch und Hund gewaltig zu schaffen. Übrigens: Bei den Winterspielen 1932 in Lake Placid und 1952 in Oslo war Schlittenhunderennen eine olympische Disziplin.

## Robben arbeiten als Kameraleute unter dem Eis

Es ist eine wahre High-Tech-Ausrüstung, mit der Wissenschaftler der Universität Texas insgesamt 15 Weddell-Robben ausgestattet haben: Videokameras, Infrarotsensoren und Rekorder. Derart bestückt, liefern die zu Kameraleuten umfunktionierten Meeressäuger Informationen über die Wanderung der Robben, aber auch über Meerestiere, die ihnen auf ihren Tauchgängen unter dem Eis der Antarktis begegnen. Besonders über die Beutefische der Robben, die sich in großen Wassertiefen befinden, konnten mit dieser Methode völlig neue Erkenntnisse gewonnen werden. Ob den Robben ihr Dienst an der Wissenschaft auch Freude bereitet, ist nicht bekannt.

## In der eisigen Antarktis gibt es Blumen (Blütenpflanzen)

Es scheint für Pflanzen unmöglich zu sein, auf dem antarktischen Kontinent mit seinen meterdicken Eisschichten und der frostigen Kälte zu existieren. Doch auf den wenigen eisfreien Gebieten der Antarktis trotzen neben Algen, Pilzen, Moosen und den zahlreich vorkommenden Flechten auch 2 Blütenpflanzen den widrigen Witterungsbedingungen: Die zu den  Nelkengewächsen gehörende Antarktische Perlwurz (*Colobanthus quitensis*) und die Antarktische Schmiele (*Deschampsia antarctica*) ein Gras aus der Gattung der Schmielen. Beide Blütenpflanzen können allerdings nur an geschützten Stellen existieren.

## Es gibt blaue und grüne Eisberge

Eisberge müssen nicht zwangsläufig weiß sein. Es gibt auch blaue und sogar grüne Exemplare. Die blauen Eisberge, die vor allem immer wieder in Grönland beobachtet werden, bestehen aus sehr kompaktem Eis ganz ohne Lufteinschlüsse, in dem das Licht so gebrochen wird, dass es blau erscheint. Das Geheimnis der grünen Eisberge konnte dagegen bisher noch nicht gelüftet werden. Forscher des Alfred-Wegener-Instituts in Bremerhafen, die sich mit dem Phänomen der grün schimmernde Eisberge der antarktischen Gewässer befassen, vermuten, dass die grüne Färbung durch sehr feine Sedimentpartikel zustande kommt. Andere Wissenschaftler sehen einen hohen Gehalt an metallischen Verbindungen als Erklärung an.

## Eisberge können singen

Dass Wale stundenlang Liebeslieder singen können, ist wohl bekannt. Aber offensichtlich sind die grauen Kolosse nicht die einzigen Riesen im Südpolarmeer, die Melodien zum besten geben, denn Wissenschaftler des Alfred-Wegener-Instituts für Polar- und Meeresforschung hatten vor kurzem die Gelegenheit, einem Eisberg beim Gesang zuzuhören. Als die Wissenschaftler Aufzeichnungen einer Erdbebenstation in der Antarktis näher untersuchten, registrierten ihre Messgeräte harmonische Brummtöne, die offensichtlich nicht, wie zuerst gedacht, von einem Vulkan, sondern von einem Eisberg produziert wurden. Die Forscher fanden heraus, dass eine Kollision mit dem Meeresboden den rund 1500 km$^2$ großen, bisher als B-09A bekannten Eisberg in lang anhaltende Schwingungen versetzt hatte. Für das menschliche Ohr ist der Gesang mit einer Frequenz von gerade mal 0,5 Hertz zwar viel zu tief. Die Eisberg-Gesänge waren aber so laut, dass sie noch in 800 km Entfernung registriert werden konnten.

[das stimmt so nicht]

## Eskimos kennen 100 verschiedene Namen für Schnee

»Eskimos kennen 100 verschiedene Ausdrücke für Schnee«, lautete die Überschrift eines Artikels, der 1984 in der »New York Times« zu lesen war. Und wie das häufig der Fall ist, wurde diese Geschichte von anderen Medien bereitwillig übernommen, weit verbreitet und auch heute noch gerne zitiert. Wahr ist die Meldung des renommierten Blattes allerdings nur sehr bedingt. Denn die Sprache der Eskimos, die in Zeiten der »political correctness« besser Inuit genannt werden sollten, ist agglutinierend, das heißt, sie verschmilzt viele Satzteile zu Riesenwörtern. So gibt es in der Inuitsprache z. B. Einzelwörter für »weichen Schnee«, »sehr weichen Schnee« oder für »ganz besonders weichen Schnee«. Und wer so zählt, kommt natürlich leicht auf 100 verschiedene Bezeichnungen.

## Die Lieblingsbeute von Eisbären sind Pinguine

Auch wenn sie beide die Kälte lieben, haben Pinguine entgegen einer weitverbreiteten Meinung vor Eisbären in der freien Natur nichts zu befürchten, denn während Pinguine nur auf der Südhalbkugel zu finden sind, machen Eisbären lediglich die Nordhalbkugel der Erde unsicher. So ist das Risiko, von einem Eisbären gefressen zu werden, für Pinguine sicherlich im Zoo am höchsten. Fürchten müssen sich Pinguine allerdings vor dem Seeleoparden, einer riesigen Robbe, die den Vögeln in den flachen Küstengewässern der Antarktis auflauert. Um das Risiko, von Seeleoparden gefressen zu werden, zu minimieren, gehen Pinguine deshalb nach Möglichkeit nur als große Gruppe ins Wasser.

153

# Was ist das Polarlicht?

Das Polarlicht ist eine meist grünlich leuchtende Erscheinung am Himmel, die durch elektrisch geladene Teilchen des Sonnenwinds beim Auftreffen auf die Erdatmosphäre hervorgerufen wird. Dort regen die Teilchen dann Sauerstoff- und auch Strickstoffmoleküle zum Leuchten an. Polarlichter treten hauptsächlich in den Polarregionen auf, da die Sonnenwindteilchen vom Magnetfeld der Erde entlang der Magnetfeldlinien zu den Polen gelenkt werden. Und weil das Magnetfeld nur an den Polen senkrecht zur Erdoberfläche verläuft, ist es den anregenden Teilchen nur dort möglich, tief in Erdatmosphäre einzutreten. So ist das Polarlicht normalerweise auf die Arktis und Antarktis beschränkt. Das Leuchtphänomen auf der Nordhalbkugel wird als Nordlicht oder Aurora borealis bezeichnet, während die Leuchterscheinung auf der Südhalbkugel als Südlicht bzw. Aurora australis bekannt ist.

# Warum frieren Pinguine nicht mit ihren Füßen am Eis fest?

Um nicht am Eis festzufrieren, haben sich Pinguine gleich 2 Tricks ausgedacht. Zum einen können ja bekanntermaßen nur Flüssigkeiten leicht festfrieren – Tiere mit Schweißfüßen wären am Südpol daher extrem gefährdet. Pinguine halten ihre Füße jedoch möglichst trocken, um ein Festfrieren zu verhindern. Zum anderen kühlen die gefiederten Frackträger ihre Füße mit einer Art Wärmeaustauscher so weit herunter, dass sie gerade so kalt sind, dass das Eis darunter nicht antaut. Und was nicht antaut kann auch nicht gefrieren. Der Wärmeaustausch wird durch die spezielle Lage der Blutgefäße in den Beinen möglich, in denen Arterien und Venen sehr eng beieinander liegen. Während warmes Blut durch die Arterien in die Füße fließt und dabei von den benachbarten Venen heruntergekühlt wird, wird das kalte venöse Blut, das in den Körper zurückfließt, von den Arterien wieder erwärmt.

# Quiz für Schnelldenker

**1  Wozu benutzen Walrosse ihre Stoßzähne?**
a) als Hilfsmittel beim Verlassen des Wassers
b) zur Verteidigung
c) als Statussymbole

**2  Was ist kein Kontinent?**
a) Arktis
b) Antarktis
c) Afrika

**3  Wie dick ist das Eis in der Antarktis?**
a) 50 m
b) 500 m
c) 5000 m

---

**3** Rund 30 Millionen km² der Antarktis sind von Eis bedeckt. Nur rund 3 % des antarktischen Kontinents sind eisfrei. Im Durchschnitt ist die Eisschicht der Antarktis etwas über 2000 m dick. Allerdings finden sich im Osten, im Adelieland, besonders mächtige Eisschichten. Dort ist die Eisschicht an einer Stelle vor der Küste unglaubliche 5000 m stark. Das ist vergleichbar mit den höchsten Bergen der Alpen! Aus den aufeinander liegenden Eisschichten können Wissenschaftler die Entwicklung des Klimas während der letzten Jahrtausende ablesen.

**2** Die Arktis ist kein Kontinent, sondern ein von Kontinenten umgebenes Meer, das Nordpolarmeer. Die Antarktis dagegen ist ein Kontinent, da sich unter ihrem Eis eine Landmasse befindet.

**1** Das wichtigste Kennzeichen von Walrossen sind ihre bis zu 75 cm langen Stoßzähne, die bei beiden Geschlechtern ausgebildet sind. Diese auch als »Hauer« bezeichneten oberen Eckzähne sind wahre Mehrzweckwerkzeuge: So dienen sie nicht nur als »Eispickel«, mit denen die Tiere ihren gewaltigen Leib aus dem Wasser auf das Eis ziehen können, sondern auch zum Graben nach Muscheln auf dem Meeresboden. Die Stoßzähne sind zudem ausgezeichnete Verteidigungswaffen. Selbst ein Eisbär überlegt es sich da genau, ob er ein ausgewachsenes Walross angreift oder nicht. Die wichtigste Funktion der Hauer besteht aber darin, den sozialen Status ihrer Träger zu demonstrieren. So können Walrosse mit langen Hauern durch reines Vorzeigen der Zähne schlechter bestückte Artgenossen von günstigen Ruheplätzen verdrängen. Daher kommt es nur zwischen Tieren mit gleichgroßen Stoßzähnen zu Kämpfen.

### Viagra schützt Robben- und Rentierbestände

Viele Jahrzehnte lang wurden jährlich Tausende von Robben in Kanada und Grönland allein deshalb getötet, weil man sich in einigen asiatischen Ländern vom Verzehr ihrer Genitalien eine Steigerung der Potenz erhoffte. So wurden allein 1996 aus Kanada nahezu 50.000 Robbenpenisse nach Hongkong, Shanghai und Peking zu Preisen von über 100 Dollar das Stück exportiert. Mit der Markteinführung der Lustpille Viagra 1999 brach der Markt für Robbenpenisse jedoch völlig zusammen. Nur noch 10.000 Stück wurden zu einem vergleichsweise bescheidenen Preis von 20 Dollar das Stück an den Mann gebracht. Auch der Bedarf an Rentiergeweihen und -fellen, die ebenfalls wegen ihrer angeblichen Potenz steigernden Wirkung in Asien heiß begehrt sind, ging um 72 % zurück. So retten die blauen Wunderpillen offensichtlich nicht nur die männliche Potenz, sondern auch das Leben so manchen Tieres des hohen Nordens.

### In Kanada gibt es ein Gefängnis nur für Eisbären

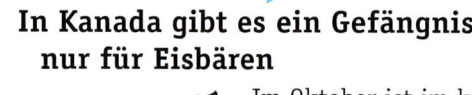

Im Oktober ist im kanadischen Churchill im wahrsten Sinne des Wortes der Bär los, denn der Ort liegt auf der Wanderroute der Eisbären. Und weil es in Churchill genügend zu fressen gibt, bleiben die weißen Riesen dort gerne etwas länger. Die hungrigen Pelzträger plündern Mülleimer, brechen in Vorgärten

und Häuser ein und stellen dabei natürlich eine nicht unerheb-
liche Gefahr für die rund 800 Einwohner des Ortes dar. Deshalb
werden Eisbären, die in unmittelbarer Nähe oder im Ort aufge-
griffen werden, betäubt und in ein speziell errichtetes Eisbären-
Gefängnis gesteckt, das Platz für 32 Übeltäter bietet. Im Eisbä-
renknast werden die Petze auf Diät gesetzt, denn die Bären sollen
ihren Gefängnisaufenthalt in möglichst schlechter Erinnerung
behalten, damit sie in Zukunft um Churchill einen weiten Bogen
machen. Nachdem die Bären ihre »Strafe abgebrummt« haben,
werden sie vorsichtig in Netze verpackt, mit dem Hubschrauber
rund 40 km nach Norden geflogen und dort wieder ausgesetzt.

## Prinz wollte mit Eisbergen Wüste bewässern

Der saudische Prinz Mohammed al-Faisal hatte 1977
eine kühne Idee: Er wollte das im Gletschereis der
Antarktis gespeicherte Süßwasser im großen Stile
dazu benutzen, die trockene Arabische Halbinsel künstlich zu bewässern. Dazu sollten ganze Schlepperflotten riesige Tafel-
eisberge mit einem Volumen von
1 Kubikkilometer – das entspricht
1000 Milliarden Liter Süßwasser –
von der Antarktis bis zum Roten Meer
bringen. Schmelzverluste auf der Fahrt durch die Tropen sollten
durch eine Kunststoffhülle in Grenzen gehalten werden. Als Hin-
dernis für den vermessenen Plan erwies sich dann allerdings die
nur 35 m tiefe Meerenge am Eingang zum Roten Meer – hat doch
ein Eisberg in der gewünschten Größe einen Tiefgang von mehr
als 200 m. Dieses Problem, das sich nur durch ein technisch sehr
schwieriges Zersägen des Eisberges hätte lösen lassen, sowie eine
Kalkulation der mutmaßlichen Kosten ließen den arabischen
Prinzen letztlich am Erfolg der Eisbergschlepperei zweifeln und er
lässt das kostbare Nass auch weiterhin durch die Entsalzung von
Meerwasser gewinnen.

157

## Pinguine fallen um, wenn sie von einem Flugzeug überflogen werden

Seit Jahren hält sich hartnäckig das Gerücht, Pinguine würden bei einem tiefen Überflug von Flugzeugen oder Hubschraubern diesen nachschauen und dabei den Kopf so weit in den Nacken legen, dass sie das Gleichgewicht verlören und rückwärts recht unelegant umfielen. Während des Falklandkrieges (1982) zwischen England und Argentinien wollten britische Piloten dieses Phänomen der reihenweise umfallenden Pinguine mehrfach beobachtet haben. Britische Arktisforscher stellten jedoch 2001 fest, dass die gefiederten Frackträger stabiler sind als gedacht: In einem groß angelegten Versuch konnten sie zeigen, dass die Vögel nicht umfallen, wenn sie von einem Flugzeug überflogen werden, sondern eher in Angst und Schrecken versetzt werden und flüchten.

## Der Vielfraß verdankt seinen Namen seinem unbändigen Appetit

Eigentlich passt sein weniger bekannter deutscher Name »Bärenmarder« viel besser für den Vielfraß, denn diese am Rande des Polarkreises lebenden, gedrungenen, bis zu 20 kg schweren Raubtiere sehen tatsächlich aus wie die Kreuzung zwischen einem Marder und einem Bären. Der Name Vielfraß spiegelt auch keineswegs die Essgewohnheiten des äußerst scheuen und sehr selten zu beobachtenden Tieres wider, sondern leitet sich von dem schwedischen Begriff »Fjäl-Fräs« ab, was soviel wie Felsenkatze bedeutet. Da er wegen seines wertvollen Fells lange erbarmungslos gejagt wurde, steht der Vielfraß heute in vielen nordischen Ländern auf der Roten Liste der vom Aussterben bedrohten Arten.

[schon gehört?]

## Die Eskimos verdanken ihren Namen ihren Essgewohnheiten

Die Ureinwohner der Arktis werden üblicherweise unter dem traditionellen Begriff Eskimos zusammengefasst. Das Wort Eskimo stammt aus der Sprache der Cree-Indianer, einer großen Indianernation, die im Norden der Vereinigten Staaten und Kanadas zu Hause ist. Mit ihren unmittelbaren Nachbarn, den Ureinwohnern des nördlichen Polarkreises, standen die Cree jedoch oft nicht gerade auf gutem Fuß und nannten sie deshalb etwas herablassend – aber entsprechend ihren Essgewohnheiten völlig korrekt – Eskimos, was übersetzt so viel wie »Rohfleischesser« heißt. Die Ureinwohner selbst schätzen diesen Namen verständlicherweise überhaupt nicht und bezeichnen sich selbst als Inuit, was in ihrer Sprache so viel wie »Wesen mit Seele« oder aber einfach »Mensch« bedeutet. Übrigens: Heute essen viele Inuit, die nicht mehr traditionell leben, genauso gerne Fast-Food wie die übrigen Amerikaner.

Bibliographische Information der Deutschen Bibliothek

Die Deutsche Bibliothek verzeichnet diese Publikation in der Deutschen Nationalbibliographie; detaillierte bibliographische Daten sind im Internet über http://dnb.ddb.de abrufbar.

**BLV Buchverlag GmbH & Co. KG**
80797 München

© 2006 BLV Buchverlag GmbH & Co. KG, München

**Umschlaggestaltung:** Anja Masuch, Puchheim bei München
**Umschlagillustrationen:**
Jan Gulbransson

**Lektorat:** Dr. Friedrich Kögel, Dr. Eva Dempewolf
**Herstellung:** Hermann Maxant
**Layoutkonzept Innenteil:**
fuchs_design_Ottobrunn
**Layout und Satz:** Satz+Layout Fruth GmbH, München

Gedruckt auf chlorfrei gebleichtem Papier

Printed in Germany · ISBN 10: 3-8354-0141-6
ISBN 13: 9-783-8354-0141-9

# EINE KLEINE AUSWAHL AUS UNSEREM PROGRAMM

Veronika Straaß
**Das große BLV Naturbuch**
Heimische Tiere, Pflanzen und Landschaften im Wechsel der Jahreszeiten, Beobachtungstipps, Anleitungen zum Spielen und Experimentieren, Rezepte aus der Feld-, Wald- und Wiesenküche, Außergewöhnliches aus der Naturkunde usw.
*ISBN 3-8354-0048-7*

**Der Tier- und Pflanzenführer für unterwegs**
Das kompakte Bestimmungsbuch mit 900 Tier- und Pflanzenarten und 1350 Farbfotos – ideal für unterwegs; mit bis zu 5 Fotos pro Art und Sonderteilen, die das Bestimmen zusätzlich erleichtern.
*ISBN 3-8354-0019-3*

Ewald Gerhardt
**BLV Handbuch Pilze**
Das umfassende Nachschlagewerk: rund 600 Pilzarten in Farbfotos mit Informationen zu Aussehen, Geruch, Geschmack, Vorkommen, Verwechslungsgefahr, Speisewert, mögliche Giftwirkung usw. – mit Bestimmungsschlüssel.
*ISBN 3-8354-0053-3*

Veronika Straaß/Claus-Peter Lieckfeld
**Singvögel – Der etwas andere Naturführer**
Damit Natur entdecken Spaß macht: die wichtigsten Singvögel im Porträt mit unterhaltsamen Storys und vielen interessanten Infos zu den einzelnen Arten; Beobachtungs- und Erlebnistipps im Jahreslauf.
*ISBN 3-405-16867-8*

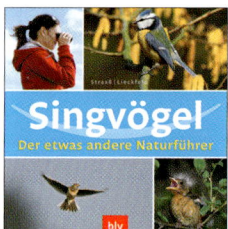

Mario Ludwig/Friedrich Kögel
**Natur – Rätsel, Fakten und Rekorde**
Spielerisch Natur entdecken – Fragen und Fakten zum Staunen, Wundern, Rätseln: Rekorde, Irrtümer, Staunenswertes, ungewöhnliche Arten usw.; mit heiteren Cartoons von Jan Gulbransson.
*ISBN 3-405-16911-9*

Uwe Kühn/Stefan Kühn/Bernd Ullrich
**Bäume, die Geschichten erzählen**
100 Bäume, die historisch bedeutend sind und im Leben der Menschen eine Rolle spielten – porträtiert mit ihrer Geschichte, interessanten Storys, alten Stichen und eindrucksvollen Fotos; mit Standortkarte.
*ISBN 3-405-16767-1*